番鸭

金定鸭

绍鸭

樱桃谷鸭

商品鸭网上饲养

育雏室（网上）

稻田放牧

河叉放牧

河叉放牧

规模化饲养标准鸭舍

家庭简易鸭舍

家庭简易鸭舍

全舍饲简易鸭舍

简易污水处理系统

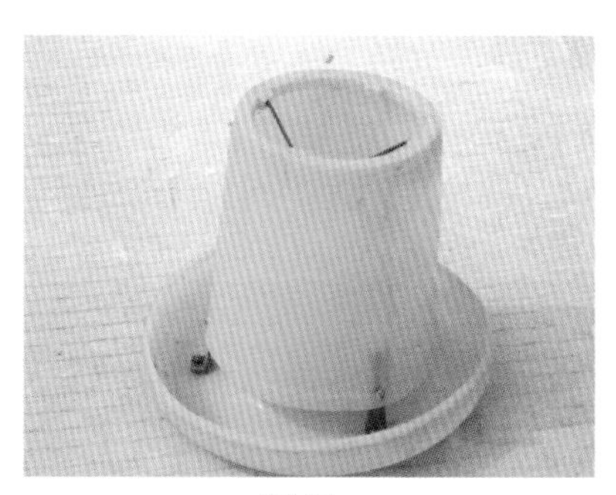
料桶

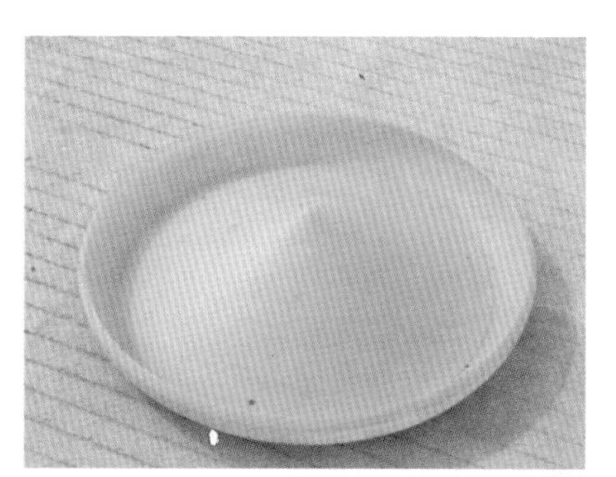
料盘

单列式网上饲养

双列式网上饲养

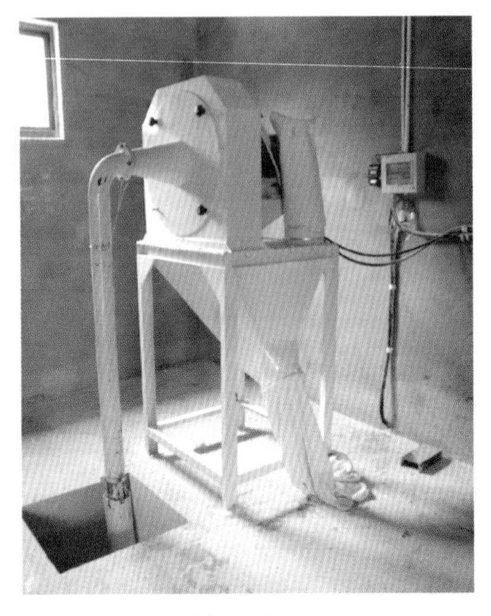

饲料加工设备

饲料加工设备

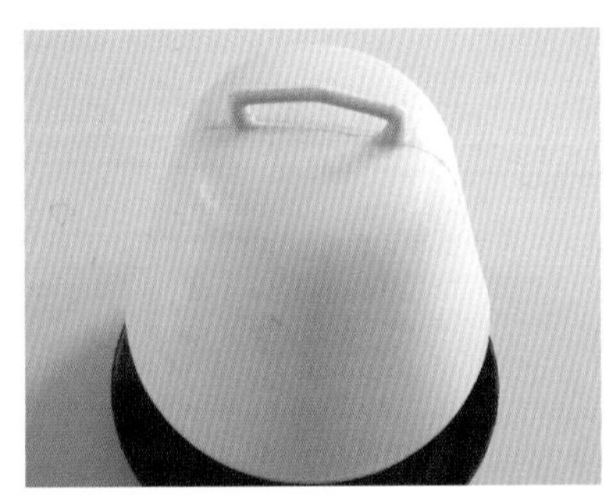

饮水器

饮水设备

有自然水面的鸭舍建筑

这样就能办好家庭养鸭场

主　编　段修军

副主编　王日君

参　编　王丽华　董　飚　孙国波　王　健
　　　　王琳琳　卞友庆　陈章言

科学技术文献出版社
SCIENTIFIC AND TECHNICAL DOCUMENTATION PRESS
·北京·

图书在版编目(CIP)数据

这样就能办好家庭养鸭场 / 段修军主编. —北京：科学技术文献出版社，2015. 5

ISBN 978-7-5023-9595-7

Ⅰ. ①这… Ⅱ. ①段… Ⅲ. ①鸭—饲养管理 ②鸭—养殖场—经营管理 Ⅳ. ① S834

中国版本图书馆 CIP 数据核字（2014）第 271237 号

这样就能办好家庭养鸭场

策划编辑：乔懿丹 责任编辑：白 明 责任校对：赵 瑗 责任出版：张志平

出 版 者 科学技术文献出版社
地 址 北京市复兴路15号 邮编 100038
编 务 部 （010）58882938，58882087（传真）
发 行 部 （010）58882868，58882874（传真）
邮 购 部 （010）58882873
官方网址 www.stdp.com.cn
发 行 者 科学技术文献出版社发行 全国各地新华书店经销
印 刷 者 北京时尚印佳彩色印刷有限公司
版 次 2015 年 5 月第 1 版 2015 年 5 月第 1 次印刷
开 本 850 × 1168 1/32
字 数 135千
印 张 6.75 彩插4面
书 号 ISBN 978-7-5023-9595-7
定 价 18.00元

前　言

我国是一个农业生产大国,农村人口占我国人口的绝大多数。随着改革开放的进一步发展,农村和农业发生了前所未有的变化。在党和政府的领导下,农业产业结构发生了变化,农民的收入在不断提高。我国养鸭历史悠久,品种资源丰富,鸭的饲养水平一直位于世界前列。在畜牧产业结构调整中,家庭养鸭得到了发展,经济效益明显,其可行性得到了验证,使得家庭养鸭成为畜牧养殖业中的新亮点。

为了更好地宣传家庭养鸭这一养殖方式,提高家庭养鸭的科学性,加快农业结构调整进一步完善,促进农民增收、农业增效,建设新农村,推进我国早日进入小康生活。我们在从事养鸭的教学、科研和生产实践的基础上,结合国内外养鸭最新技术和经验,并汲取家庭养鸭成功者的心得,编写了《这样就能办好家庭养鸭场》一书,供广大读者参考。

本书共分为七章，分别就家庭养鸭场的选择和建设、鸭品种的选择、鸭饲料的配制、鸭的饲养管理、鸭肥肝的生产、鸭场的疾病防治、鸭场的经营管理等方面作了较为详尽的介绍，内容安排符合科学性，先进性、系统性和实用性。本书由段修军任主编，王日君任副主编。段修军编写了第四部分，王日君编写了第七部分，王丽华编写了第三部分，董飚编写了第五部分，孙国波编写了第二部分，卞友庆编写了第一部分，王琳琳编写了第六部分，陈章言负责本书部分图片的拍摄工作。

在编写本书的过程中，承蒙有关同志的支持和帮助，在此对他们表示由衷的谢意。

限于本人的学识与水平，书中难免有不妥和错漏之处，敬请大家随时赐教和指正，谢谢！

段修军

目　　录

一、怎样选择和建设家庭养鸭场

鸭场设置是为鸭群的生长、发育、繁殖创造适宜环境的工程。设置的鸭场必须有利于鸭舍内空气环境控制;便于严格执行各项卫生防疫制度措施;便于合理组织生产,提高设备利用率和工作人员的劳动生产率;便于组织产品的销售。同时还要防止鸭场本身对其周围环境的污染。家庭养鸭场同样也是如此。

(一)家庭养鸭场的环境要求及控制

1. 鸭场选址

(1)家庭养鸭场应建在地势较高、干燥、采光充分、易排水、隔离条件良好的区域。鸭场周围 3km 内无大型化工厂、矿厂,1km 以内无屠宰场、肉品加工,或其他畜牧场等污染源。鸭场距离干线公路、学校、医院、乡镇居民区等设施至少 1km 以上,距离村庄至少 100m 以上。鸭场周围有围墙或防疫沟,并建立绿化隔离带。鸭场不允许建在饮用水源、食品厂上游。

(2)水源充足,水活浪小。蛋鸭日常活动都与水有密切联系,洗澡、交配都离不开水,水上运动场是完整鸭舍的重要组成部分，所以养鸭的用水量特别大，要有廉价的自然水源，才能降低饲养成本。选择场址时，水源充足是首要条件，即使是干旱的季节，也不能断水。通常将鸭舍建在河湖之滨，水面尽量宽阔，水活浪小，水深为 1～2m。如果是河流交通要道，不应选主航道，以免骚扰过多，引起鸭群应激。最好鸭场内建有深井，以保证水源和水质。

(3)交通方便，不紧靠码头。鸭场的产品、饲料以及各种物资的进出，运输所需的费用相当大，建场时要选在交通方便，尽可能距离主要集散地近些，以降低运输费用，但不能在车站、码头或交通要道(公路或铁路)的近旁建场，以免给防疫造成麻烦。而且环境不安静，也会影响产蛋。

(4)地势高燥，排水良好。鸭场的地形要稍高一些，地势要略向水面倾斜，最好有 5°～10°的坡度，以利排水；土质以沙质壤土最适合，雨后易干燥，不宜在黏性太大的重黏土上建造鸭场，否则容易造成雨后泥泞积水。尤其不能在排水不良的低洼地建场，否则每年雨季到来时，鸭舍被水淹没，造成不可估量的损失。

(5)环境无污染。场址周围不能有排放污水或有毒气体的化工厂、农药厂，鸭场所使用的水必须洁净，尽可能在工厂和城镇的上游建场，以保持空气清新、水质优良、环境不被污染。

(6)朝向以坐北朝南最佳。鸭舍的位置要放在水面的北侧，把鸭滩和水上运动场放在鸭舍的南面，使鸭舍的大门正对水面向南开放，这种朝向的鸭舍，冬季采光面积大、吸热保温好；夏季又不受太阳直晒、通风好，具有冬暖夏凉的特点，有利于鸭子的产蛋和生长发育。在找不到朝南的合适场址时，朝东南或朝东的也可以考虑，但绝对不能在朝西或朝北的地段建造鸭舍，因为这种西北朝向的房舍，夏季迎西晒太阳，使舍内闷热，不但影响产蛋和生长，而且还会造成鸭子中暑死亡；冬季招迎西北风，舍温低，鸭子耗料多、产蛋少。所以朝西北向的鸭舍养鸭，在同样条件下，比朝南的鸭舍投入要多一成，产出要减少一成，经济效益相差较大，生产者千万要注意这一点。

除上述六个方面外，还有一些特殊情况也要予以关注，如在沿海地区，要考虑台风的影响，经常遭受台风袭击的地方和夏季通风不良的山凹，不能建造鸭场；电源不稳定或尚未通电的地方不宜建场。此外，鸭场的排污、粪便废物的处理也要通盘考虑，做好周密计划。

2. 鸭场环境卫生质量要求

规模较大的家庭养鸭场分为生活办公区、生产区和污物处理区三个功能区，小型的家庭养鸭场就只分为生产区和生活区。鸭场净道和污道应分开，防止疾病传播。鸭舍墙体坚固，内墙壁表面平整光滑，墙面不易脱落，耐磨损，耐腐蚀，不含有毒有害物质。舍内建筑结构应利于通风换气，并具有防鼠、防虫和防鸟设施。鸭场周边环境、鸭舍内空气质量应符合国家农业行业标准，具体见表 1-1 和表 1-2。

表 1-1 畜禽场空气环境质量要求

序号	项目	单位	缓冲区	场区	禽舍	
					雏	成
1	氨气	mg/一z	2	5	10	15
2	硫化氢	mg/m	1	2	2	10

续表

序号	项目	单位	缓冲区	场区	禽舍	
					雏	成
3	二氧化碳	mg/m’	380	750	1 500	
4	PM	mg/m	0.5	1	4	
5	TSP	mg/m’	1	2	8	
6	恶臭	稀释倍数	40	50	70	

表 1-2　舍区生态环境质量要求

序号	项目	单位	禽舍	
			雏	成
1	温度	℃	21～27	10～24
2	湿度(相对)	%	75	
3	风速	m/s	0.5	0.8
4	照度	lx	50	30
5	细菌	个/m^3	25 000	
6	噪声	dB	60	80
7	粪便含水率	%	65～75	
8	粪便清理	—	干法	

3. 鸭场的土质要求

土壤的透气性、透水性、吸湿性、毛细管特征、抗压性以及土壤中的化学成分等,不仅直接影响鸭场场区的空气、水质和植被的化学成分及生长状态,还可影响土壤的净化作用。适合建立鸭场的土壤应该是透气、透水性强、毛细管作用弱、导热性小、质地均匀、抗压性强的土壤。因此从环境卫生学观点看,选择在沙壤土上建场较为理想。然而,在一定的区内建场,由于客观条件的限制,选择最理想的土壤不一定能够实现,这就要求人们在畜舍的设计、施工、使用和其他日常管理上,设法弥补当地土壤的缺陷。

(二)家庭养鸭场的设计与建筑物布局

1. 鸭场的设计

一个规模较大的家庭养鸭场通常分为生活办公区、生产区和污物处理区等功能区。生活办公区主要包括职工宿舍、食堂等生活设施和办公用房;生产区主要包括更衣消毒室、鸭舍、蛋库、饲料仓库等生产性设施;污物处理区主要包括腐尸池以及符合环保要求的粪污处理设施等。

为了保持良好的鸭场环境和组织高效率生产,鸭场的功能区必须分区规划,即要从人畜保健的角度出发,以建立最佳生产联系和卫生防疫条件为目的来合理安排各区位置。规划时,要将生活办公区设在全场的上风向和地势较高处,并与生产区保持一定的距离。生产区即鸭饲养区,是鸭场的核心,应将它设在全场的中心地带,位于生活办公区的下风向或平等风向,而且要位于污物处理区的上风向。污物处理区应位于全场的下风向和地势最低处，与鸭舍要保持一定的间距，最好还要设置隔离屏障。鸭场规划示意图见图 1-1。

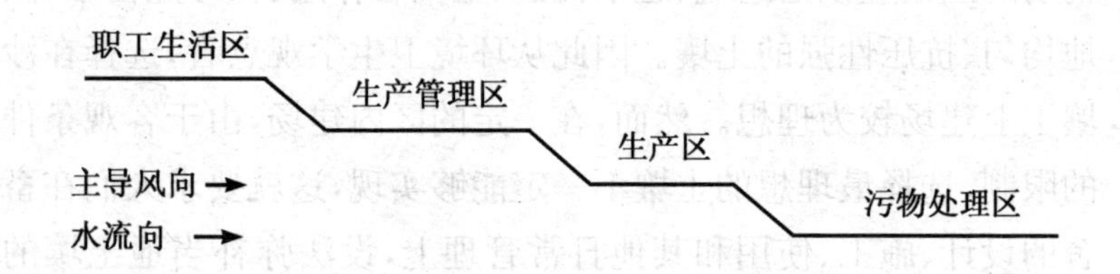

图 1-1　鸭场按地势、风向分区规划示意图

小型的家庭养鸭场没有条件严格分区，但也应从兽医防疫和便于饲料、产品调运的角度出发，将饲料间、操作间、值班宿舍等放在与外界接触最近的一端，将饲养场地放在最里端。

2. 建筑物的布局

鸭饲养场内建筑物的布局合理与否，对场区环境状况、卫生防疫条件、生产组织、劳动生产率及基建投资等都有直接影响。

为了搞好建筑物的合理布局，应先确定好饲养管理方式、集约化程度、机械化水平以及饲料的需要量和供应情况，然后进一步确定各种建筑物的形式、种类、面积和数量。在此基础上综合考虑场地的各种因素，制定最好的布局方案。

鸭场建筑物的布局必须按彼此间的功能联系统筹安排。鸭舍应平行整齐排列。为了保证兽医卫生和防火的安全，在鸭舍与鸭舍之间应保持一定的距离（一般 30m 左右），以达到预防疫病传播及防止火势蔓延的目的。在河道旁建场时，育雏鸭舍、育成鸭舍常建在河道的上游，蛋鸭舍在其后。在遵守兽医卫生和防火要求的基础上，按建筑物之间的功能联系，尽量做到建筑物最紧凑地配置，以保证最短的运输、供电和供水线路，并为实现生产过程机械化以及减少基建投资、管理费用和生产成本创造条件。与饲料有关的建筑物可位于管理区和生产区之间，并尽量靠近消费饲料最多的鸭舍，供电、供水、供热建筑设施应设在生产区中心。

(三)鸭舍建筑及配套设施

1. 鸭舍建筑的要求

建筑鸭舍的目的就是最大限度地为鸭群提供舒适的环境，同时又要尽可能地降低单位鸭舍面积的造价。鸭舍要避风向阳，北面的墙一定要砌好，屋顶要用隔热性能良好的材料，地面和墙壁要便于清洗消毒。鸭对氧的需求量较大，一般比鸡高出20%，且鸭对空气中的有害气体很敏感，故要求鸭舍要宽敞、通风。为了冬天的采光、取暖和夏天的通风与避免直射的阳光，在我国大多数地区选择南向鸭舍最理想。鸭具有低飞能力，设置运动场(包括陆上运动场和水上运动场)时，要考虑围栏或围网需有一定的高度，防止鸭飞逃。

2. 鸭舍类型

鸭舍类型主要分为放养鸭舍和圈养鸭舍。放养鸭舍由鸭棚、鸭滩、水围等几部分组成。圈养鸭舍可分为育雏鸭舍、育成鸭舍和种鸭舍。我国东南各省的广大农村多在河塘边建造放养鸭舍,这种简易棚舍投资省,建造快,经济实惠,保温隔热性能好,尤其是用草做屋顶,冬暖夏凉。草帘墙壁,夏天可卸下,通风凉爽;冬天可排得厚些密些,甚至可在草帘上抹泥起到保温作用。而大规模的集约化饲养常采用圈养鸭舍。

3. 鸭舍建筑结构

(1)放养鸭舍:放养鸭舍分临时性简易鸭舍和长期性固定鸭舍两大类。我国农村早期的家庭式小型鸭场大都用简易鸭舍,近几年创建的大中型鸭场大都是固定鸭舍。生产者可根据自己的条件和当地的资源情况选择一种合适的鸭舍。完整的平养鸭舍通常由鸭舍、鸭滩(陆上运动场)、水围(水上运动场)三个部分组成,现分述如下。

①鸭舍:最基本的要求是遮阳防晒、阻风挡雨、防寒保温和防止兽害。商品蛋鸭舍每间的深度8～10m,宽度7～8m,近似于方形,便于鸭群在舍内作转圈活动,绝对不能把鸭舍分隔成狭窄的长方形,否则鸭子进舍转圈时,极容易踩踏致伤。通常养1 000～2 000只规模的小型鸭场,都是建2～4间(每间养500只左右),然后再在边上建3个小间,作为仓库、饲料室和管理人员宿舍。

建筑面积估算:由于鸭的品种、日龄及各地气候不同,对鸭舍面积的要求也不一样。因此,在建造鸭舍计算建筑面积时,要留有余地,适当放宽计划;但在使用鸭舍时,要周密计划,充分利用建筑面积,提高鸭舍的利用率。

使用鸭舍的原则是单位面积内,冬季可提高饲养密度,适当多养些，反之，夏季要少养些；大面积的鸭舍，饲养密度适当大些，小面积的鸭舍，饲养密度适当小些；运动场大的鸭舍，饲养密度可以大一些，运动场小的鸭舍，饲养密度应当小一些。

②鸭滩：又称陆上运动场，一端紧连鸭舍，一端直通水面，可为鸭群提供采食、梳理羽毛和休息的场所，其面积应超过鸭舍1倍以上。鸭滩略向水面倾斜，以利排水；鸭滩的地面以水泥地为好，也可以是夯实的泥地，但必须平整，不允许坑坑洼洼，以免蓄积污水，有的鸭场把喂鸭后剩下的贝壳、螺蛳壳平铺在泥地的鸭滩上，这样，即使在大雨以后，鸭滩也不会积水，仍可保持干燥清洁；鸭滩连接水面之处，做成一个倾斜的小坡，此处是鸭群入水和上岸必经之地，使用率极高，而且还要受到水浪的冲击，很容易坍塌凹陷，必须用块石砌好，浇上水泥，把坡面修得很平整坚固，并且深入水中（最好在水位最低的枯水期内修建坡面），使鸭群上下水很方便。此处不能为了省钱而草率修建，否则把鸭养上以后，会造成凹凸不平现象，招致伤残事故不断，造成重大经济损失。

鸭滩上种植落叶的乔木或落叶的果树（如葡萄等），并用水泥砌成1m高的围栏，以免鸭子入内啄伤幼树的枝叶，同时防止浓度很高的鸭粪肥水渗入树的根部致使树木死亡。在鸭滩上植树，不仅能美化环境，而且还能充分利用鸭滩的土地和剩余的肥料，促进树木和水果丰收，增加经济收入，还可以在盛夏季节遮阳降温，使鸭舍和运动场的小环境比没有种树的地方，温度下降3～5℃，一举多得，生产者对此要高度重视。

③水围：即水上运动场，就是蛋鸭洗澡、嬉耍的运动场所。其面积不少于鸭滩，考虑到枯水季节水面要缩小，如条件许可，

尽量把水围扩大些,有利于鸭群运动。

在鸭舍、鸭滩、水围这三部分的连接处,均需用围栏把它围成一体,使每一单间都自成一个独立体系,以防鸭互相走乱混杂。围栏在陆地上的高度为 60～80cm,水上围栏的上沿高度应超过最高水位 50cm,下沿最好深入河底,或低于最低水位 50cm。

(2)圈养鸭舍:圈养鸭舍可分为育雏鸭舍、育成鸭舍和种鸭舍三种类型。

①育雏鸭舍:雏鸭可以采用网上饲养、地面平养和笼养等饲养方式。网养雏鸭舍可采用双列单走道鸭舍,其跨度在 8m 左右,走道设在中间,宽 1m 左右,走道两侧至南北墙各设架空的金属网或漏缝竹木条地板作为鸭床,网眼或板条缝隙的宽度在 13mm 左右。现推广使用塑质杈条或增塑网作床底,可保护鸭腿趾部。鸭舍一般使用水泥地面,网架下的地面上建一条“V”形水泥沟,其坡度 30°左右,雏鸭的排泄物可直接漏在沟内,用水稍冲刷即可清理。由于雏鸭全程都在网上饲养,卫生条件好,干燥,节约垫草,保温性能、防鼠害能力、通风采光条件比较理想,但投资费用较大。网养雏鸭舍如图 1-2 所示。

地面平养育雏舍一般采用有窗式单列带走道的鸭舍。鸭舍跨度 8m 左右,舍内隔成若干小区,北墙边设置 1m 宽的走道,设置运动场的鸭舍南侧墙壁开通向运动场的门,运动场和水浴池设在场外。靠走道一侧建一条排水沟,沟上盖铁丝网,网上放饮水器,雏鸭饮水时溅出的水通过铁丝网漏到沟中,再排出舍外。走道与雏鸭区用栅栏隔开,见图 1-3。

笼养雏鸭舍要求保温与通风良好。比较先进的笼养方式就

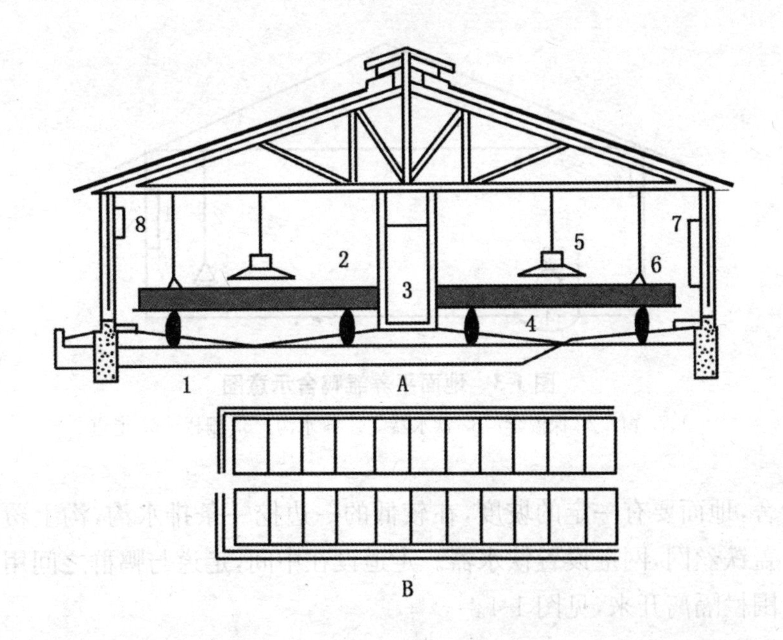

图 1-2　网养雏鸭舍示意图

A. 剖面图　B. 平面图

1. 排水沟　2. 铁丝网　3. 门　4. 集粪池　5. 保温伞　6. 饮水器　7、8. 窗

是采用层叠式或半阶梯式金属笼饲养雏鸭，也有采用竹木制作的简易单层或双层笼饲养鸭。笼组的布局多采用中间两排或南北各一排。饲料槽置笼外，另一侧置常流水饮水器。笼养育雏的好处与网养一样，而且比网养更能经济地利用房舍和设备，但投资大。

②育成鸭舍：一般育成鸭阶段已不需要供温，鸭舍的建筑要求不像雏鸭舍那样严格。现多数建成双列式单走道地面平养鸭

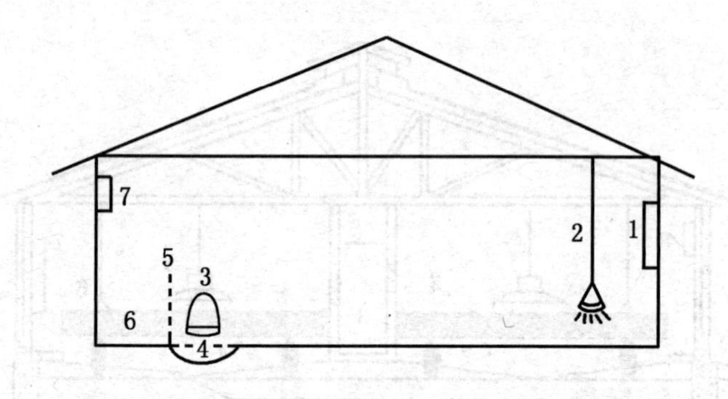

图 1-3　地面平养雏鸭舍示意图

1、7. 窗　2. 保温伞　3. 饮水器　4. 排水沟　5. 栅栏　6. 走道

舍，地面要有一定的坡度，在较低的一边挖一条排水沟，沟上覆盖铁丝网，网上设置饮水器。走道设在中间，走道与鸭群之间用围栏隔离开来，见图 1-4。

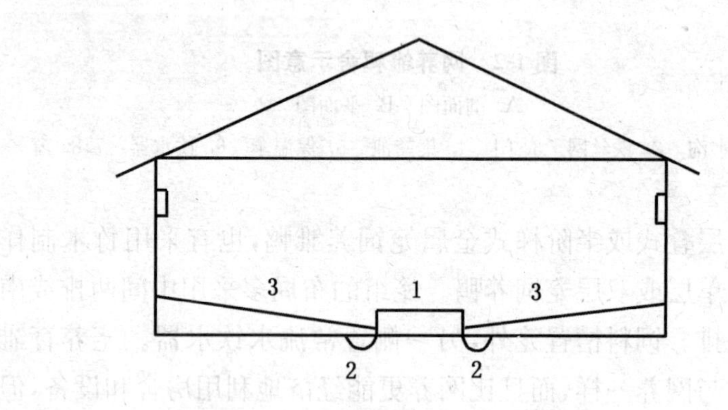

图 1-4　双列式育成鸭舍示意图

1. 走道　2. 排水沟　3. 鸭床(地面)

③种鸭舍：种鸭舍同雏鸭舍一样，保温性能、通风采光要求较高，还要能人工补充光照。种鸭舍现大多采用单列单走道封闭式鸭舍，舍内地面采用2/3水泥地面、1/3漏缝地板。水泥地面上加铺垫草，有利于种鸭产蛋和活动；用漏缝地板（或用增塑网）离地饲养，可保持鸭舍内干燥。鸭舍在靠墙一面设置产蛋巢，高和宽各28cm，深35cm。鸭虽能在陆上交配，但容易使公鸭阴茎受伤，因此，有条件的鸭舍要设置运动场，运动场要靠近水面，便于种鸭洗澡和交配，如天然的河流或池塘，也可挖人工水池，池深0.5～0.8m，池宽2～3m，用砖或石块砌壁，水泥抹面，不能漏水。在水浴池和下水道连接处设置一个沉淀井，在排水时可将泥沙、粪便等沉淀下来，免得堵塞排水道。单列式种鸭舍内景见图1-5，外景见图1-6，水浴池示意图见图1-7。

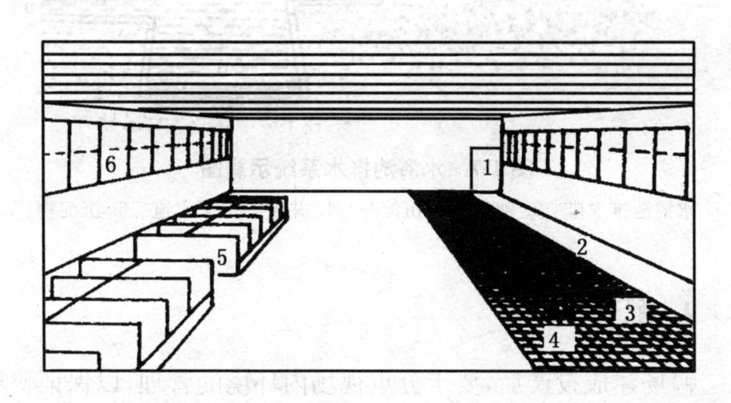

图1-5 单列式种鸭舍内景示意图

1. 门 2. 走道 3. 漏缝地板 4. 饮水器 5. 产蛋箱 6. 窗

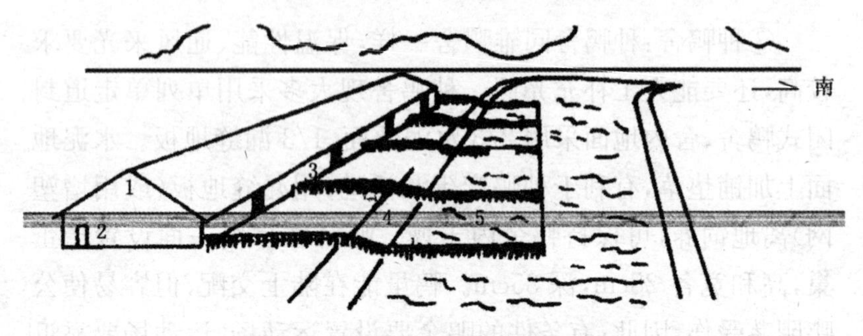

图 1-6　单列式种鸭舍外景示意图

1. 鸭舍　2. 走道的门　3. 通向运动场的门　4. 鸭滩　5. 水浴池

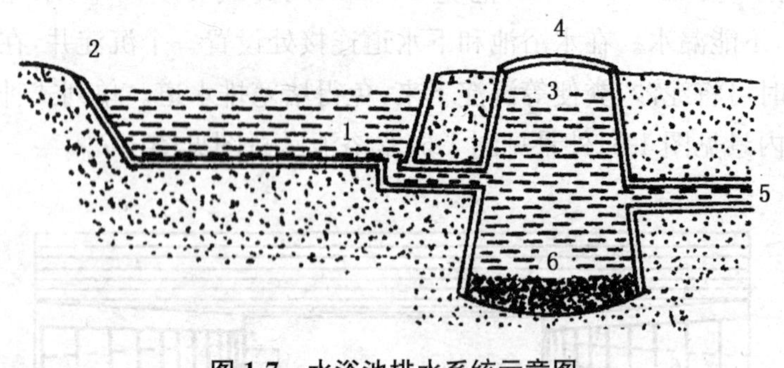

图 1-7　水浴池排水系统示意图

1. 水浴池排水口　2. 池壁　3. 沉淀井　4. 井盖　5. 下水道　6. 沉淀物

4. 配套设施

鸭场建成投产后，要十分重视场内环境的管理，以保证鸭场环境的整洁和安全。

(1)粪便、污水管理：粪便和污水是养鸭场最主要的生产废弃物，必须妥善处理好，否则，不仅会制约鸭生产本身的正常发展，而且会污染周围的环境，危害人类的健康，甚至形成公害。

①粪便的处理与利用:鸭的粪便由于饲养管理方式及设施的不同,废弃物的形式也不一样,或以纯粪尿或以粪液或以污水的形式弃之,因而处理的方法也随之不同。其主要的出路,目前仍然是作为肥料供给作物与牧草各种养分,同时亦可改善土壤的结构。此外,粪便还可以用来生产沼气,网养或笼养的雏鸭粪还可以用作家畜的饲料。

鸭粪用作肥料时,应先进行无害化处理,其方法有混合封存及堆肥法等。混合封存法即将粪尿、垃圾、垫草等贮存在贮粪池内加盖封存,在厌氧环境下,使其有机物氧化分解、发酵腐熟,促使病原体死亡。堆肥法是将粪尿与垃圾、垫草等有机废弃物混合堆积起来,通过产生高温及微生物相互的拮抗作用,致使病原微生物及寄生虫卵死亡,从而达到无害化的目的。

制取沼气是将鸭粪、垫草等有机物与水混合,在一定条件下,经过多种微生物的发酵,产生沼气。经过发酵后,粪便、垫草中的寄生虫卵、病原微生物大部分被杀死,但沼气沉渣中还有少数虫卵等没有被杀灭,因此,清除出来的沉渣还需经堆肥或药物处理。

网养或笼养的雏鸭粪用作饲料时,可采用干燥法和青贮法。干燥法就是采用自然或人工干燥的方法,在尽量保存鸭粪中养分的前提下,使水分降低,减小体积,便于运输贮存。还可将干粪压制成颗粒饲料喂给反刍家畜。青贮法就是将鸭粪与其他饲料,如糠麸、碎玉米、青饲料等混合装入缸、池或其他容器内,然后分层压紧,再用塑料薄膜封严,发酵一定时间后开封饲喂家畜。

②污水的处理:鸭场污水量大,不能任其排放,一般需先经

物理处理（机械处理），再进行生物处理后排放或循环使用。物理处理就是使用沉淀、分离等方法，将污水中的固形物分离出来，固形物堆成堆，作堆肥处理。液体中有机物含量较低时，可直接用于灌溉农田或排入鱼塘；有机物含量仍很高时，必须进行生物处理。生物处理就是将污水输入氧化池、生物塘等，利用污水中微生物的作用，通过需氧或厌氧发酵来分解其中的有机物，使水质达到排放要求。生物处理还可通过草地过滤、蚯蚓及甲虫吞食粪便的作用等方法进行处理。

（2）绿化环境

①环境绿化可改善场区小气候：绿化可以明显改善鸭场内的温度、湿度、气流等状况。在冬季，绿地的平均温度及最高温度均比没有树木的低，但最低温度较高，因而缓和了冬季严寒时的昼夜温差，气温变化不致太大。夏季，由于植物的蒸腾和光合作用吸收太阳辐射热，从而可降低气温和增加空气的湿度。

②环境绿化可净化空气：场内鸭群集中，饲养量大，在一定的区域内耗氧量大，而由鸭舍内排出的二氧化碳也比较集中，与此同时，尚有少量氨气、硫化氢等有害气体一起排出，由于绿色植物等进行光合作用，吸收大量的二氧化碳，同时又放出氧气，许多植物还能吸收氨、二氧化硫、硫化氢等，所以，场内环境绿化后可净化空气。

③环境绿化可减少微粒：树木能防风，可使空气中的大粒灰尘静止沉降；树叶表面粗糙不平，多绒毛，有些植物叶子还能分泌粘性油脂及汁液，能滞留或吸附大量的飘尘。草地还可固定地面的尘土，不使其飞扬。

④环境绿化可减少空气中细菌含量：树林可以减少空气中

的含尘量，因而使细菌失去附着物，数量也相应减少。某些树木的花、叶能分泌一些芳香物质，可以杀死细菌、真菌等。

5. 鸭场防害管理

(1)防止昆虫孳生：鸭场易于孳生或招引蝇蚊及牛虻等，这些昆虫是传播疾病的媒介，并骚扰鸭群，不利于生产，还可污染环境。防止昆虫孳生，首先要填平场内的沟坑、洼地，防止积水，排污管道采用暗沟，粪池加盖，确保场内清洁与干燥。同时，还要及时清粪，防止昆虫在粪便中繁殖、孳生。另外，使用电灭蝇灯或定期喷洒化学杀虫剂，杀灭蝇蛆。

(2)灭鼠：鼠类在鸭场内可窃食饲料，咬坏器物，有时甚至破坏电路，影响生产的正常进行。鼠还是许多疾病的传播者，危害甚大。灭鼠可以用药物毒杀、器械捕捉，还可使用持续而无规律的高频振荡器捕捉。

(3)防止其他兽：鸭场应建造围墙，严守场门，加强管理，防止狗、猫等进入场内，以免咬伤鸭和传播疾病。

(四)家庭养鸭场的机具设备

养鸭的设备用具比较简单，有些已形成系列化、规格化。现将主要设备及工具介绍如下：

1. 饲养设备

(1)喂料设备：喂鸭的工具式样很多，最简单的如塑料布直接铺在地上进行饲喂，多用在育雏阶段，一般每 1 000 只雏鸭用

6～7 张即可。也可用无毒的塑料盆作为饲盆，这种饲盆便于清洗、消毒和搬动。喂料器则是鸭专用喂料器具，它由料盘、贮料桶与采食栅等部分组成(图 1-8)。一般料筒高 40cm，直径 20～25cm，料盘底部直径 40cm，边高 3cm。这种喂料器能盛放较多的饲料，并且鸭一边采食，饲料一边自动下行。为了防止鸭大口采食饲料时饲料溅出而造成浪费，故常有采食栅罩在料盘上。一般 30～50 只鸭需一个喂料器。此外，鸭的喂料设备还可用喂料箱，由木板或铝合金做成，一般长度为 1.5～2m，这种喂料箱可常备饲料，节省人工，鸭采食均匀，尤其适于饲喂颗粒料。

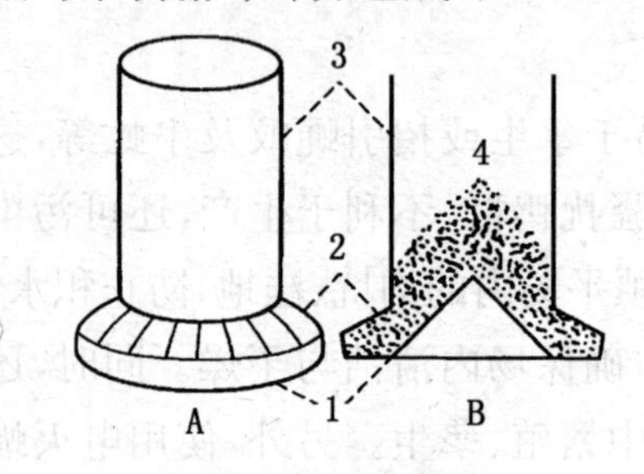

图 1-8　喂料器

A. 立体图　B. 剖面图

1. 料盘　2. 采食栅　3. 贮料桶　4. 饲料

(2)饮水设备：养鸭用的饮水器式样较多，多为塑料制成，已形成规模化产品。最常见的是吊塔式饮水器、钟式饮水器。也有用旧的广口瓶改制的，将瓶口敲几个小的缺口，装满水后用盆子盖住瓶口，再倒转过来盖于盆子上，水即从小缺口处源源不断地流出，当水位淹没瓶口时，瓶内的水便停止外流。这种饮水器轻便实用，成本低廉，易清洗消毒，常用于地面平养的雏鸭。饮水器可以用无毒的塑料盆或广口水盆，但必须注意在盆口上方加盖罩子(可用竹条、粗铁丝或塑料网制成)，以防鸭在饮水时跳入水盆中洗澡，污染饮用水(图 1-9)。

(3)其他用具

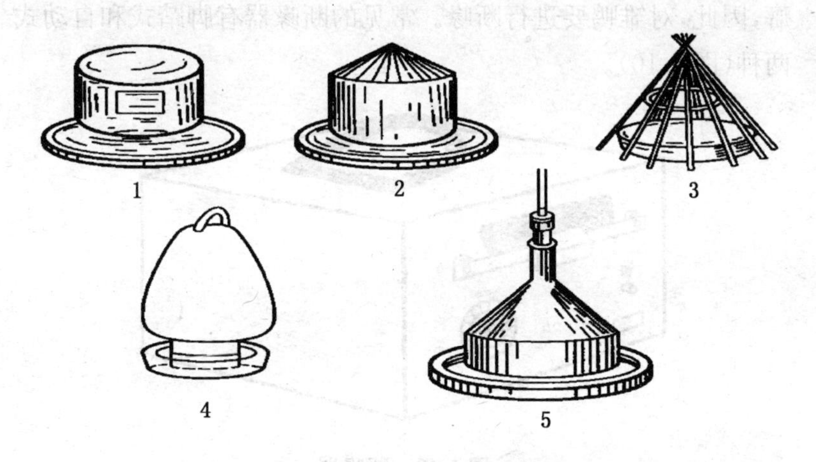

图 1-9 各种式样的饮水器

1. 广口瓶和碟子 2. 铁皮饮水器 3. 陶钵加竹圈
4. 钟式饮水器 5. 吊塔式饮水器

①鸭篮(鸭篓):鸭篮用毛竹篾编制而成,圆形,直径 70～80cm,边高 25～30cm,可用于装运雏鸭,也可用于饲养小鸭。育雏时供小鸭睡眠之用和点水之用(将小鸭关在鸭篮内,一起浸在水中,供其活动片刻,这种方法南方鸭农称为“点水”)。1 000 只雏鸭需要 45～55 只鸭篮。

②栈条(围条):围条长方形,长 15～20m,高 0.6～0.7m,用毛竹篾编织而成,用作围鸭用。鸭大群饲养,抓鸭时极易造成应激,一般用围条围成若干小群。1 000 只雏鸭需要围条 4～5 张。

③塑料网:为提高雏鸭成活率,鸭常用网上育雏。塑料网多为白色,网眼为正多边形,边长约 1cm,通常每平方米可育雏 25～30 只。

④断喙器:有些鸭(如番鸭、骡鸭)在换羽阶段时常会出现啄

癖，因此，对雏鸭要进行断喙。常见的断喙器有脚踏式和自动式两种(图 1-10)。

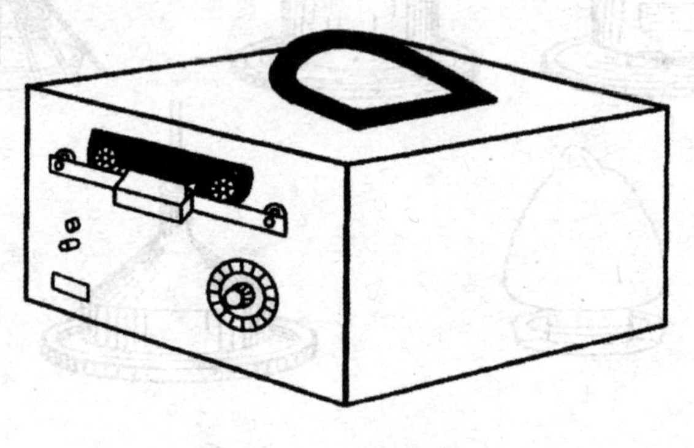

图 1-10　断喙器

断喙前，必须对断喙器进行洗刷和消毒，断喙应待刀片加热到暗红色(600～800℃)时进行，脚踏式断喙器脚踏时要迅速有力，自动式的动作要准、稳，一般只断鸭喙豆的 1/2。每断 2 000～3 000 只雏鸭，换一次刀片。

⑤电动填饲机：电动填饲机根据所用饲料的不同，可分为两类。生产鸭肥肝时，多用整颗的玉米粒填饲，一般采用螺旋推进式填饲机，将饲料置于料斗内，以电动机带动螺旋杆运转，螺旋推进器为一条螺旋形的弹簧，转动时将玉米从填饲管推出后进入鸭的食道内(图 1-11)。

2. 环境控制设备

(1)控温设备

①煤炉：这是农村育雏时最常用、最经济的加温设备。炉的

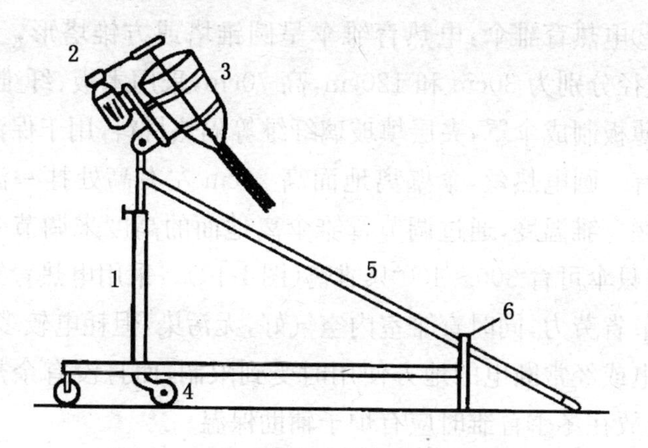

图 1-11 电动填饲机(填饲颗粒玉米)

1. 机架 2. 电动机 3. 饲料斗 4. 电动开关 5. 滑道 6. 坐凳

上侧装一排气烟管,向室外排气、排烟(图 1-12)。采用煤炉加温时应注意防止煤气中毒,经常开启门窗,加强室内通风。

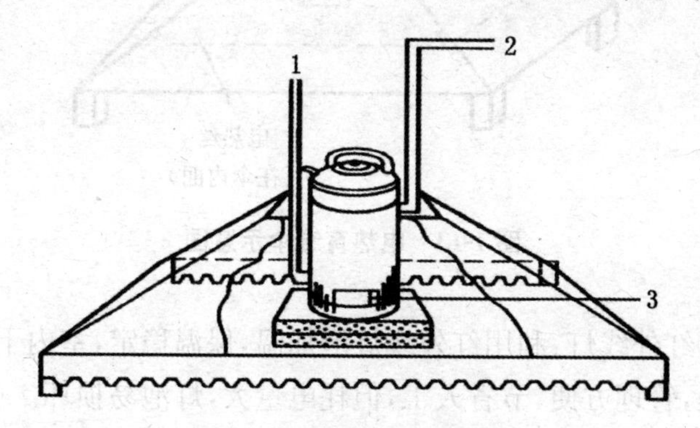

图 1-12 煤炉育雏示意图

1. 进气孔 2. 排气孔 3. 铁皮炉门

②电热育雏伞：电热育雏伞呈圆锥塔或方锥塔形，上窄下宽，直径分别为 30cm 和 120cm，高 70cm，采用木板、纤维板、金属铝薄板制成伞罩，夹层填玻璃纤维等隔热材料，用于保温。伞内壁有一圆电热丝，伞壁离地面高 20cm 左右高处挂一温度计以掌握育雏温度，通过调节育雏伞离地面的高度来调节伞下温度，每只伞可育 300～400 只雏鸭(图 1-13)。采用电热育雏伞加温可节省劳力，同时育雏室内空气好，无污染，但耗电较多，特别是无电或经常断电的地方使用时受到限制，而且没有余热升高室温，故在冬季育雏时应有炉子辅助保温。

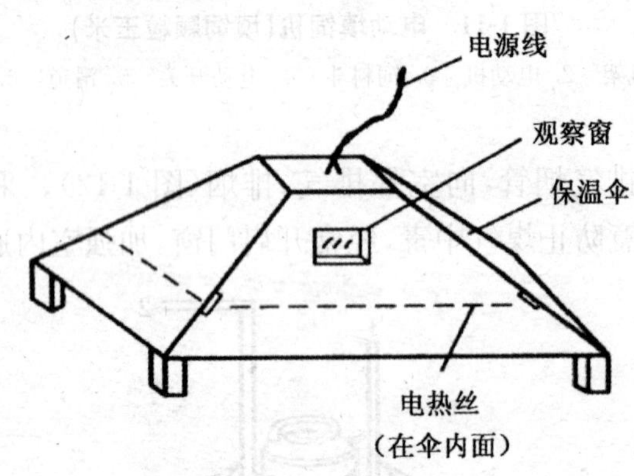

图 1-13　电热育雏伞示意图

③红外线灯：利用红外线灯泡加温，保温稳定，室内干净，垫草干燥，管理方便，节省人工，但耗电量大，灯泡易损坏。

利用红外线灯泡加温时，第一周灯泡离地面 35～45cm，从第二周起，随着雏鸭日龄的增大，逐渐提升灯泡高度。一般每周将灯提高 7～8cm，直到离地面 60cm 高为止。在实际生产过程中，常根据雏鸭在灯下的分布及活动情况来及时调节红外灯距地面的高度，以保证雏鸭在育雏阶段所需要的最适宜环境温度。常用的红外线灯泡为 250 瓦，使用时可以多只红外线灯泡等距离排列。5 日龄以内的雏鸭，因感觉不灵敏，应在灯泡周围用篱围住，以免雏鸭远离热源(图 1-14)。在外界气温较低的情况下育雏，第一周时室内还要备有升温设备，而且还要将初生雏围在灯下 1.2～1.4m 直径的范围内。

图 1-14 红外线灯围篱育雏

④热风炉：对大规模育雏通常可采用热风炉供热法(图 1-15)。使用时，点火加煤，火势自然加大，适当关小风机调节阀，开大自鼓风阀，强制鼓风，炉温迅速升高。待到达正常温度区间(70～90℃)，即可将风机调节阀、自鼓风阀复至常规位，扳开关到自动。适时看火、加煤、取渣，维持正常燃烧。若要停烧，停止加煤即可。停止加煤后，风机仍会适时开启，将炉内余热排尽，保证炉体不过热，设定温度之下仍可用强制鼓风维持炉体缓慢降温，直至较低温度(45℃以下)拉闸停炉。

(2)通风设备：鸭是水禽，对舍内通风要求没有鸡高，除了经常开启门窗进行自然通风外，还可以通过以下几种方式进行鸭

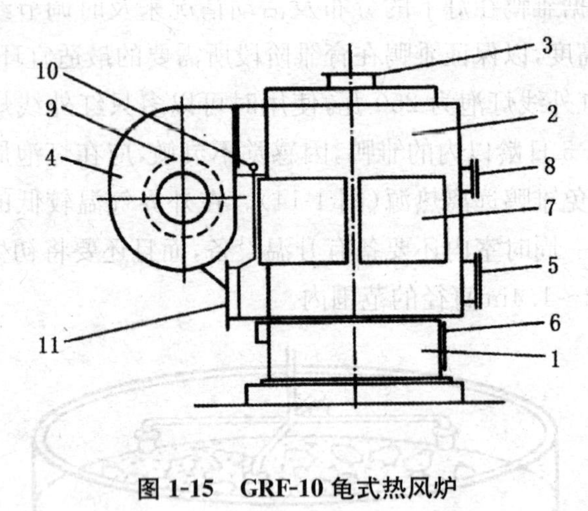

图 1-15 GRF-10 龟式热风炉

1. 炉座 2. 炉体 3. 烟囱 4. 风机 5. 加煤口 6. 出渣口 7. 侧清烟 8. 前清烟 9. 风机调节阀 10. 自鼓风阀 11. 热风出口

舍内的通风换气,保证舍内空气新鲜、畅通。

①排风机:目前适用于我国鸭舍的通风风机型号较多,如9FS-14.0 型排风机,这种风机可安装在鸭舍的任何地方。风机叶片可双向旋转,向顺时针方向旋转时送入舍内新鲜空气,向逆时针方向旋转时则排出舍内浑浊的空气。这种排风机的功率为760 瓦,排风速度为每小时 56 000m³,适用于饲养环境条件较差的鸭舍。

②风扇:常见的落地式、台式或壁式风扇都适于鸭舍使用。风扇所产生的气流型式适合于鸭舍的空气循环,一方面气流直冲向地面,吹散了上下冷热空气的层次,从而使垂直方向的温度梯度缩小了许多,另一方面径向轴对称的地面气流可以沿径向

吹送到鸭舍的每个角落。功率较大的吊扇在低速情况下,可以使得暖气流均匀地散到鸭舍的每一个地方。如果能使用 360°圆周扇,则形成的气流与自然风相似,鸭感觉会更好。

二、怎样选择优良鸭品种

我国鸭品种原产地及饲料地区基本分布在大兴安岭、太行山、河南和湖北西部、贵州西部一线以东的低海拔地区，以及安宁河流域及其以东的四川大部分地区和云南东部地区。但分布最集中的是在长江、珠江流域及沿海地区，这一地区内的鸭品种占全国鸭品种的68%。这些地区土地肥沃，气候温和，农业发达，不仅有充裕的饲料粮食，而且有广阔的天然饲料来源。例如，高邮鸭、巢湖鸭、荆江麻鸭和绍兴鸭产区均处于农业高产区并具有富饶的湖区放牧条件。金定鸭和莆田黑鸭享有水生动物性饲料丰富的水域，其分布多局限于原产地及邻近地区。经高强度选育而成且要求条件高的品种，如北京鸭几乎遍及全国，在大城市及沿海地区较集中。20世纪80年代以来，我国人民生活水平明显提高，对肉食品需求量不断增加，一些对禽肉消费有传统习惯的地区饲养肉鸭发展迅速。近几年，由于鸭蛋的需求量急剧增加，蛋鸭饲养量得到了快速增长。

（一）品种介绍

人类按照一定的经济目的，经过长期驯化和选择培育形成了三种用途的鸭品种,即:肉用型、蛋用型和兼用型三种类型,下面介绍几种饲养量相对较大的品种,家庭养殖户可根据自己的实际情况进行选择饲养。

1. 北京鸭

属肉用型品种,具有生长发育快、育肥性能好的特点,是闻名中外"北京烤鸭"的制作原料。原产于北京西郊玉泉山一带,现已遍布世界各地,在国际养鸭业中占有重要地位。该品种体型较大而紧凑匀称,头大颈粗,体宽、胸腹深、腿短,体躯呈长方形,前躯高昂,尾羽稍上翘。公鸭有钩状性羽,两翼紧附于体躯,羽毛纯白略带奶油光泽。喙和皮肤橙黄色,蹠蹼为橘红色。性情驯顺,易肥育,对各种饲养条件均表现较强的适应性。成年公鸭体重3～4kg,母鸭2.7～3.5kg,5～6月龄开始产蛋,年产蛋180～210个,蛋重90～100g,蛋壳白色,受精率约90%,受精蛋孵化率约80%。雏鸭成活率可达90%～95%,7周龄体重可达2.5kg,优良配套系杂交鸭体重在3kg以上。饲料消耗比1∶3.5左右。

2. 樱桃谷鸭

属肉用型品种,原产于英国,是世界著名的瘦肉型鸭。具有生长快、瘦肉率高、净肉率高和饲料转化率高,以及抗病力强等优点。樱桃谷鸭体型较大,成年体重公鸭4.0～4.5kg,母鸭3.5～4.0kg。父母代群母鸭性成熟期26周龄,年平均产蛋210～220枚。白羽L系商品鸭47日龄体重3.0kg,料肉比3.0∶1,瘦肉率达70%以上,胸肉率23.6%～24.7%。

3. 瘤头鸭

属肉用型品种,原产于南美洲及中美洲热带地区。学名麝香鸭、疣鼻栖鸭。我国称番鸭或洋鸭。国外称火鸡鸭、蛮鸭或巴西鸭。瘤头鸭体型前后窄,中间宽,呈纺缍状,站立时体躯与地面呈水平状态。喙短而窄,喙基部和头部两侧有红色或黑色皮瘤,不生长羽毛,雄鸭的皮瘤肥厚展延较宽,头大,颈粗稍短,头顶部有一排纵向长羽,受刺激时竖起呈刷状。腿短而粗壮,胸腿肌肉很发达。翅膀发达长达尾部,能作短距离飞翔。此外,有少量黑白夹杂的花羽。黑色羽毛带有墨绿色光泽,喙红色有黑斑,皮瘤黑红色,胫、蹼黑色,虹彩浅黄色。白色羽毛和喙粉红色,皮瘤鲜红色,胫、蹼橘黄色,虹彩浅灰色。花羽鸭喙红色带有黑斑,皮瘤红色,胫、蹼黑色。成年公鸭体重 3 500~4 000g,母鸭 2 000~2 500g。公鸭全净膛率 76.3%,母鸭 77%;公鸭胸腿肌占全净膛屠体重的比率 29.63%,母鸭 29.74%。肌肉蛋白质含量达 33%~34%。母鸭开产日龄6~9 月龄,一般年产蛋量为 80~120 枚,高产可达 150~160 枚,蛋重 70~80g。蛋壳玉白色,蛋形指数 1.38~1.42。公母鸭配种比例 1∶(6~8),受精率 85%~94%,受精蛋孵化率 80%~85%,种公鸭利用年限 1~1.5 年。

4. 天府肉鸭

属肉用型品种,天府肉鸭体型硕大丰满。羽毛洁白,喙、胫、蹼呈橙黄色,母鸭随着产蛋日龄的增长,颜色逐渐变浅,甚至出现黑斑。初生雏鸭绒毛呈黄色。祖代父本品系成年体重母鸭 3.1~3.2kg、公鸭 3.3~3.32kg,母本品系成年体重母鸭 2.7~

2.8kg、公鸭3.0～3.1kg,开产日龄180～190天,入舍母鸭年产合格种蛋230～250个,蛋重85～90g,受精率达90%以上,受精蛋孵化率84%～88%。父母代成年体重公鸭3.2～3.3kg、母鸭2.8～2.9kg,开产日龄180～190天,入舍母鸭年产合格种蛋230～250个,蛋重85～90g,受精率达90%以上,每只母鸭提供健雏数180～190只。商品代肉鸭28日龄活重1.6～1.86kg,料肉比(1.8～2.0)∶1,35日龄活重2.2～2.37kg,料肉比(2.2～2.5)∶1,49日龄活重3.0～3.2kg,料肉比(2.7～2.9)∶1。

5. 绍兴鸭

属蛋用型品种,原产于浙江绍兴、萧山、诸暨等地。也叫绍雌鸭、浙江麻鸭、山种鸭。绍兴麻鸭体躯狭长,蛇头饱眼,嘴长颈细,背平直腹大,臀部丰满下垂,站立或行走时躯体向前昂展,倾斜呈45°角,似"琵琶"状。绍兴麻鸭根据外貌和特点不同,可分为"红毛绿翼梢"和"带圈白翼梢"两个类型。

(1)红毛绿翼梢:体型小巧,性情温顺,适宜圈养。母鸭全身以棕红色雀斑羽为主,胸腹部棕黄色,脚蹼橘黄色。公鸭羽毛大部呈麻栗色,胸腹部色较浅,喙黄带青色,头部、颈上部、镜羽和尾部均呈墨绿色,有光泽。雏鸭绒羽细软,呈暗黄色,有黑头星、黑线脊、黑尾巴。

(2)带圈白翼梢:性情好动,觅食力强,圈、放养皆宜。母鸭以麻雀毛为主,颈中间有一圈白色羽毛,主翼羽和腹臀部也呈白色,喙和蹼橘黄色,彩虹灰蓝色,皮肤黄色。公鸭羽毛多呈淡麻栗色,头、颈上部及尾部均呈墨绿色,富有光泽,并有少量镜羽,其他与母鸭同。雏鸭绒羽呈淡黄色。该鸭初生重36～40g,成年体重公鸭为 1 301～1 422g，母鸭为 1 255～1 271g，成年公鸭半净膛率为 82.5%，母鸭为 84.8%；成年公鸭全净膛率为 74.5%，母鸭为 74.0%。140～150 日龄群体产蛋率可达 50%，年产蛋 250 枚，经选育后年产蛋平均近 300 枚，平均蛋重为 68g。蛋形指数 1.4，壳厚 0.354mm，蛋壳白色、青色。公母配种比例 1∶(20～30)，种蛋受精率为 90%左右。

6. 金定鸭

属蛋用型品种，产于福建龙海市。该鸭公鸭喙黄绿色，虹彩褐色，胫、蹼橘红色，头部和颈上部羽毛具翠绿色光泽，前胸红褐色，背部灰褐色，翼羽深褐色，有镜羽。母鸭喙古铜色。胫、蹼橘红色。羽毛纯麻黑色。初生重公鸭为 47.6g，母鸭为 47.4g；成年公鸭体重为 1 760g，母鸭为 1730g。成年母鸭半净膛率为 79%，全净膛率为 72.0%，开产日龄 100～120 天。年产蛋 260～300 枚，蛋重为 72.26g。壳青色为主，蛋形指数 1.45。公母配种比例 1∶25，种蛋受精率为 89%～93%。

7. 咔叽·康贝尔鸭

属兼用型品种，育成于英国。康贝尔鸭有 3 个变种：黑色康贝尔鸭、白色康贝尔鸭和咔叽·康贝尔鸭(即黄褐色康贝尔鸭)。我国引进的是咔叽·康贝尔鸭。体躯较高大，深广而结实。头部秀美，面部丰润，喙中等大，眼大而明亮，颈细长而直，背宽广、平直、长度中等。胸部饱满，腹部发育良好而不下垂。两翼紧贴、两腿中等长、距离较宽。公鸭的头、颈、尾和翼肩部羽毛都是青铜色，其余羽毛为暗褐色，喙蓝色(越优者其颜色越深)，胫和蹼为深橘红色。母鸭的羽毛为暗褐色，头颈是稍深的黄褐色，喙绿色或浅黑色，翼黄褐色，脚和蹼近似体躯的颜色。开产日龄为120～140天，年平均产蛋260～300枚，蛋重70g左右，蛋壳为白色。成年公鸭体重2.4kg，母鸭2.3kg。

8. 莆田黑鸭

蛋用型品种，主产于福建莆田县。莆田黑鸭体型轻巧、紧凑，头适中、眼亮有神、颈细长（公鸭较粗短），骨骼坚实，行走迅速。全身羽毛黑色（浅黑色居多），着生紧密，加上尾脂腺发达，水不易浸湿内部绒毛。喙（公鸭墨绿色）、跖、蹼、趾均为黑色。母鸭骨盆宽大，后躯发达，呈圆形；公鸭前躯比后躯发达，颈部羽毛黑而具有金属光泽，发亮，尾部有几根向上卷曲的性羽，雄性特征明显。初生重为40.15g，8周龄平均体重为890.59g。屠宰率：平均体重为（1.50±0.04）kg，半净膛率为78.38%，全净膛率为71.99%；母鸭与黑色瘤头鸭杂交产生的“半番”鸭，生长速度快，70日龄平均体重为1.99kg，半净膛率为81.91%，全净膛率为75.29%，每公斤增重耗料为3.66～3.76kg。300日龄产蛋量为139.31个，500日龄产蛋量为251.20个，个别高产家系达305个。500日龄前，日平均耗料为167.2g，每公斤蛋耗料3.84kg。平均蛋重为63.84g。开产日龄120天，年产蛋270～290个，蛋重73g。群体产蛋率达50%时为132日龄。公母配种比例为1∶25。种蛋受精率达95%左右。雏鸭成活率为95%左右。

9. 山麻鸭

属蛋用型品种，主产于福建省龙岩市。山麻鸭头中等大，颈秀长，胸较浅，躯干呈长方形；头颈上部羽毛为孔雀绿，有光泽，有白颈圈。前胸羽毛赤棕色。尾羽、性羽为黑色。母鸭羽色有浅麻色、褐麻色、杂麻色三种。胫、蹼橙红色，爪黑色。初生重为45g，成年体重公鸭为 1.43kg，母鸭为 1.55kg。半净膛率为72%，全净膛率为 70.30%。100 日龄开产，年产蛋 243 枚，蛋重为 54.5g，蛋形指数 1.3。公母配种比例 1∶25，种蛋受精率约75%。

10. 高邮鸭

属蛋肉兼用型品种，又称高邮麻鸭，原产江苏省高邮市。高邮鸭是我国江淮地区良种，系全国三大名鸭之一。该鸭善潜水、耐粗饲、适应性强、蛋头大、蛋质好，且以善产双黄而久负盛名。高邮鸭蛋为食用之精品，口感极佳，其质地具有鲜、细、红、油、嫩、沙的特点，蛋白凝脂如玉，蛋黄红如朱砂。母鸭全身羽毛褐色，有黑色细小斑点，如麻雀羽；主翼羽蓝黑色；喙豆黑色；虹彩深褐色；胫、蹼灰褐色，爪黑色。公鸭体型较大，背阔肩宽，胸深躯长呈长方形。头颈上半段羽毛为深孔雀绿色，背、腰、胸为褐色芦花毛，臀部黑色，腹部白色。喙青绿色，趾蹼均为橘红色，爪黑色。成年公鸭体重3～4kg，母鸭 2.5～3kg。仔鸭放养 2 月龄重达 2.5kg。母鸭180～210 日龄开产，年产蛋 169 个左右，蛋重70～80g，蛋壳呈白色或绿色。在放牧条件下，一般 70 日龄体重可达 1.5kg。采用配合饲料，50 日龄平均体重达 1.78kg。高邮鸭耐粗杂食，觅食力强，适于放牧饲养，且生长发育快，易肥、肉质好。平均种蛋受精率 90％以上，平均受精蛋孵化率 85％。

11. 连城白鸭

属蛋肉药兼用型品种，富含 18 种氨基酸和 10 种微量元素，其胆固醇含量特低。因此具有清热解毒，滋阴降火，祛痰开窍，宁心安神，开胃健脾之功效。连城白鸭不油腻，汤味独特，肉质鲜美，白鹜鸭饲养期越长，其药效越好，一般饲养 4 个月以上才具有药效。由于它具有特殊药理作用及独特风味，随着人们保健意识的增强，白鹜鸭这一地方珍禽越来越被人们所重视。集药理、膳食于一身的地方珍禽白鹜鸭原产于福建省，又叫“珍禽白鹜鸭”。其体躯狭长，结构紧凑结实，小巧玲珑。头秀长。喙宽，呈黑色，前端稍扁平，锯齿锋利。眼圆大外突。颈细长，胸浅窄，腰平直，腹钝圆且略下垂。公母鸭外形极为相似。全身羽毛洁白紧密，喙黑色，胫蹼黑色或黑红色。成年鸭体重 1.25～1.5kg，年产蛋 260～280 枚，平均蛋重 55g，开产日龄 120 天左右。平均蛋形指数 1.46，蛋壳白色，少数青色。料蛋比 2.7∶1。平均种蛋受精率 92％，平均受精蛋孵化率 90％。

12. 巢湖鸭

属蛋肉兼用型品种，主产于安徽省中部，巢湖周围的庐江、巢县、肥西、肥东等县。该品种具有体质健壮、行动敏捷、抗逆性和觅食能力强等特点，是制作无为熏鸭和南京板鸭的良好材料。体型中等大小，体躯长方形，匀称紧凑。公鸭的头和颈上部羽色墨绿，有光泽，前胸和背腰部羽毛褐色，缀有黑色条斑，腹部白色，尾部黑色。喙黄绿色，虹彩褐色，胫、蹼橘红色，爪黑色。母鸭全身羽毛浅褐色，缀黑色细花纹，称浅麻细花；翼部有蓝绿色镜羽；眼上方有白色或浅黄色的眉纹。开产日龄为140～160天，年产蛋160～180枚。平均蛋重70g，蛋壳有白色、青色两种，其中白色占87%。成年公鸭体重2.1～2.7kg，母鸭1.9～2.4kg。平均种蛋受精率92%。

13. 临武鸭

属蛋肉兼用型品种，产于湖南省临武县。临武鸭体型较大，躯干较长，后躯比前躯发达，呈圆筒状。公鸭头颈上部和下部以棕褐色居多，也有呈绿色者，颈中部有白色颈圈，腹部羽毛为棕褐色。也有灰白色和土黄色。性羽2～3根。母鸭全身麻黄色或土黄色。喙和脚多呈黄褐色或橘黄色。初生重为42.67g，成年体重公鸭为2.5～3kg，母鸭为2～2.5kg。半净膛率公鸭为85%，母鸭为87%，全净膛率公鸭为75%，母鸭为76%。开产日龄160天，年产蛋180～220枚，平均蛋重为67.4g，壳乳白色居多，蛋形指数1.4。公母配种比例1∶20～1∶25，种蛋受精率约83%。

（二）优良品种的选择及引种注意事项

引种是否成功关系重大。为此，在引种时我们应遵循几个原则。

1. 不要盲目引种

引种应根据生产的需要，确定品种类型，同时要考察所引品种的经济价值。尽量引进国内已扩大繁殖的优良品种，可避免从国外引种的某些弊端。引种前必须先了解引入品种的技术资料，对引入品种的生产性能、饲料营养要求要有足够的了解，如是纯种，应有外貌特征、育成历史、遗传稳定性以及饲养管理特点和抗病力，以便引种后参考。

2. 注意引进品种的适应性

选定的引进品种要能适应当地的气候及环境条件。每个品种都是在特定的环境条件下形成的，对原产地有特殊的适应能力。当被引进到新的地区后，如果新地区的环境条件与原产地差异过大时，引种就不易成功，所以引种时首先要考虑当地条件与原产地条件的差异状况。其次要考虑本地养殖场能否为引入品种提供适宜的环境条件，只有考虑周到，引种才能成功。

3. 引种渠道要正规

(1)选择适度规模、信誉度高、有《种畜禽生产经营许可证》、有足够的供种能力且技术服务水平较高的种鸭场。

(2)选择供种场家时应把种鸭的健康状况放在第一位，必要时在购种前进行采血化验，合格后再进行引种。

(3)种鸭的系谱要清楚。

(4)选择售后服务较好的场家。

(5)尽量从同一家种鸭场选购,否则会增加带病的可能性。

(6)选择场家,应在间接进行了解或咨询后,再到场家与销售人员了解情况。切忌盲目考察,容易看到一些表面现象,导致最后所引种鸭与所看到的鸭不一致。只有做到以上几项才能确保鸭苗质量。

4. 必须严格检疫

绝不可以从发病区域引种,以防止引种时带进疾病。直接引进成鸭时,进场前应严格隔离饲养,经观察确认无病后才能入场。

5. 必须事先做好准备工作

如圈舍、饲养设备、饲料及用具等要准备好,饲养人员应作技术培训。

6. 注意引种方法

(1)首次引入品种数量不宜过多,引入后要先进行 1～2 个生产周期的性能观察,确认引种效果良好时,再适当增加引种数量,扩大繁殖。

(2)引种时应引进体质健康、发育正常、无遗传疾病、未成年的幼禽,因为这样的个体可塑性强,容易适应环境。

(3)注意引种季节,引种最好选择在两地气候差别不大的季节进行,以便使引入个体逐渐适应气候的变化。从寒冷地带向热带地区引种,以秋季引种最好,而从热带地区向寒冷地区引种则以春末夏初引种最适宜。

(4)做好运输组织工作安排,避开疫区,尽量缩短运输时间。如运输时间过长,就要做好途中饮水、喂食的准备,以减少途中损失。

三、怎样配制鸭饲料

鸭具有体温高、代谢旺盛、生长发育快、产蛋多、易肥育、单位体重产品率高等特点。了解鸭的营养需要和常用饲料特性，并根据鸭的生理特点和生活习性科学配合日粮，是鸭饲养管理工作的重要环节。

(一)鸭的营养需要原理

鸭的营养需要可概括为水、能量、蛋白质、维生素和矿物质的需要。

1. 水

水是鸭体成分中含量最多的一种营养素，分布于多种组织、器官及体液中。水分在养分的消化吸收与转运及代谢产物的排泄、电解质代谢与体温调节上均起着重要作用。鸭是水禽，在饲养中应充分供水，如饮水不足，会影响饲料的消化吸收，阻碍分解产物的排出，导致血液浓稠，体温升高，生长和产蛋都会受到影响。一般缺水比缺料更难维持鸭的生命，当体内损失 1%～

2%水分时，会引起食欲减退，损失 10%的水分会导致代谢紊乱，损失 20%则发生死亡现象。高温季节缺水的后果比低温更严重，因此，必须向鸭提供足够的清洁饮水。

鸭体内水的来源主要有饮水、饲料水及代谢水，其中饮水是鸭获得水的主要来源，占机体需水量的 80%左右，因此在饲养鸭时要提供充足饮水，同时要注意水质卫生，避免有毒、有害及病原微生物的污染。鸭不断地从饮水、饲料和代谢过程中取得所需要的水分，同时还必须把一定量的水分排出体外，方能维持机体的水平衡，以保持正常的生理活动和良好的生长发育以及生产蛋肉产品。体内水分主要经肾脏、肺和消化道排出体外，其中经肾排出的水分占 50%以上，另外还有一部分水随皮肤和蛋排出体外。

鸭对水的需要量受环境温度、年龄、体重、采食量、饲料成分和饲养方式等因素的影响。一般温度越高，需水量越大；采食的干物质越多，需水量也越多；饲料中蛋白质、矿物质、粗纤维含量多，需水量会增加，而青绿多汁饲料含水量较多则饮水减少；另外，生产性能不同，需水量也不一样，生长速度快、产蛋多的鸭需水量较多；反之则少。生产上一般对圈养鸭要考虑提供饮水，可根据采食含干物质的量来估计鸭对水的需要量。

2. 能量

鸭的一切生理活动过程，包括呼吸、循环、消化、吸收、排泄、体温调节、运动、生产产品等都需要能量。糖类、脂肪和蛋白质是鸭维持生命和生产产品所需的主要能量来源。

糖类是自然界中来源最多、分布最广的一种营养物质，是植物性饲料的主要组成部分。每克糖类在鸭体内平均可产生17.15kJ热能。鸭主要是依靠糖类氧化分解供给能量以满足生理活动和生产上的需要。多余的能量往往以糖元或脂肪的形式存贮于体组织中。

脂肪也是鸭重要的供能物质，每克脂肪氧化可产生39.3kJ能量，是糖类的2.25倍。在肉用鸭的日粮中添加1%～2%的油脂可满足其高能量的需求，同时也能够提高能量的利用率和抗热应激能力。

脂肪又是脂溶性维生素的溶剂，它能促进维生素A、维生素D、维生素E、维生素K及胡萝卜素的吸收和利用。在各种脂肪中，特别是在植物性油脂中，含有一种不饱和脂肪酸，叫亚油酸，它是鸭生长发育不可缺少的营养成分。亚油酸不足时，雏鸭生长缓慢，易患脂肪肝病和呼吸道病，种鸭产蛋量低，孵化率下降。

蛋白质一般在鸭能量供应不足的情况下才分解供能，但其能量利用的效率不如脂肪和糖类，既不经济，还会增加肝、肾负担。因此，在配合日粮时，应将能量与蛋白质控制在适宜水平。

鸭对能量的需要受品种、性别、生长阶段等因素的影响，一般肉用鸭比同体重蛋用鸭的基础代谢产热高，用于维持需要的能量也多；公鸭的维持能量需要也比母鸭高，产蛋母鸭的能量需要也高于非产蛋母鸭的能量需要；不同生长阶段鸭对能量的需要也不同，对于蛋用型鸭，其能量需要一般前期高于后期，后备期和种用鸭的能量需要也低于生长前期；对肉用型鸭，其能量一般都维持在较高水平。另外，鸭对能量的需要还受饲养水平、饲养方式以及环境温度等因素的影响。在自由采食时，鸭有调节采食量以满足能量需要的本能。日粮能量水平低时，采食量多；

日粮能量水平高时，采食量少。由于日粮能量水平不同，鸭采食量会随之变化，这就会影响蛋白质和其他营养物质的摄取量。所以在配合日粮时应确定能量与蛋白质或氨基酸的比例，当能量水平发生变化时，蛋白质水平应按照这一比例作相应调整，避免鸭摄入的蛋白质过多或不足。对于温度的变化，在一定的范围内，鸭自身能通过调节作用来维持体温恒定，不需要额外增加能量。但超过了这一范围，就会影响鸭对能量的需要。当冷应激时，消耗的维持能量就多；而热应激时，鸭的采食量往往减少，最终会影响生长和产蛋量，可以通过在日粮中添加油脂、维生素C、氨基酸等方法来降低鸭的应激反应。

3. 蛋白质

蛋白质在鸭营养中占有特殊重要的地位，是糖类和油脂所不能替代的，必须由饲料提供。蛋白质之所以如此重要，是因为它在体内发挥着重要的生理功能。

蛋白质是构成鸭体内神经、肌肉、皮肤、血液、结缔组织、内脏器官以及羽毛、爪、喙等的基本组成成分，也是鸭形成肉、蛋的主要组成成分。蛋白质是形成机体活性物质（酶、激素）的主要原料；蛋白质是组织更新、修补的主要原料。在机体营养不足时，蛋白质也可分解供能，维持机体的代谢活动。

由于鸭采食的饲料蛋白质经胃液和肠液中蛋白酶的作用，最终都分解为氨基酸被吸收利用，因此，蛋白质营养实质上也就是氨基酸营养。

根据鸭营养需要，把氨基酸分为必需氨基酸和非必需氨基酸两大类。所谓必需氨基酸是指在鸭体内不能合成，或合成的数量与速度不能满足需要，必须由饲料供给的那些氨基酸。所谓非必需氨基酸，是指体内能够合成或需要较少，可以不必由饲料供给的那些氨基酸，而不是指鸭不需要这些氨基酸。

目前，鸭需要的必需氨基酸有 11 种，它们是：赖氨酸、蛋氨酸、色氨酸、苯丙氨酸、亮氨酸、异亮氨酸、缬氨酸、苏氨酸、组氨酸、精氨酸、甘氨酸。在这些必需氨基酸中，往往有一种或几种必需氨基酸的含量低于鸭的需要量，而且由于它们的不足，限制了鸭对其他氨基酸的利用，并影响到整个日粮的利用率，因此，把这类氨基酸称为限制性氨基酸。生长期鸭特别需要赖氨酸，生长速度越快，生长强度越高，需要赖氨酸就越多，所以，赖氨酸就称为第一限制性氨基酸，又叫生长性氨基酸，在蛋鸭日粮中占 0.9%左右，在肥育鸭中占 0.8%～1.2%。蛋氨酸在鸭体内的作用是多方面的，有 80 种以上的反应都需要蛋氨酸参与，故蛋氨酸又称为生命性氨基酸，在蛋鸭日粮中占 0.3%，在肥育鸭日粮中占 0.3%～0.35%。

蛋白质的营养价值取决于组成蛋白质的氨基酸的种类与比例，如果氨基酸特别是必需氨基酸种类齐全，比例接近鸭的需要，蛋白质的营养价值就高。一般动物性饲料的营养价值高于植物性饲料，豆科饲料高于谷实类饲料。

鸭对蛋白质、氨基酸的需要量受饲养水平（氨基酸摄取量与采食量）、生产力水平（生长速度和产蛋强度）、遗传性（不同品种或品系）、饲料因素（日粮氨基酸是否平衡）等多种因素影响。

要提高饲料蛋白质营养价值，可采取以下措施：

（1）配制蛋白质水平适宜的日粮。蛋白质水平过低，不仅会影响鸭生长和产蛋率，如长期缺乏还会影响健康，导致鸭贫血、免疫功能降低，容易患其他疾病。蛋白质水平过高也不好，不仅造成蛋白质浪费，提高了饲料成本，还会加重肝、肾负担，容易使鸭患上痛风病，甚至瘫痪。

(2)通过添加蛋氨酸、赖氨酸等限制性氨基酸，来提高饲料蛋白质品质，使氨基酸配比更理想。

(3)注意日粮能量浓度与蛋白质、氨基酸的比值维持在较适宜水平，可用蛋白能量比或氨基酸能量比表示。如比值过高或过低，都将影响饲料蛋白质的利用。

(4)消除饲料中抗营养因子的影响。某些饲料如生大豆中含有胰蛋白酶抑制因子和植物皂素，高粱中含有单宁，这些物质都会降低消化率，影响饲料蛋白质的利用，可通过加热等方法来消除这些抗营养因子的影响。

(5)添加剂的使用。在饲料中添加一些添性物质如蛋白酶制剂，代谢调节剂、促生长因子以及某些维生素，能改善饲料蛋白质的品质，提高其利用率。

4. 维生素

维生素是一类具有高度生物学活性的低分子有机化合物。它不同于其他营养物质，既不提供能量，也不作为动物体的结构物质。虽然动物对维生素的需要量甚微，但作用极大，起着调节和控制机体代谢的作用。多数维生素是以辅酶或催化剂的形式参与代谢过程中的生化反应，保证细胞结构和功能的正常。鸭消化道短，体内合成的维生素很难满足需要，当日粮中维生素缺乏或吸收不良时，常会导致特定的缺乏症，引起鸭机体内的物质代谢紊乱，甚至发生严重疾病，直至死亡。

维生素按其溶解性可分为脂溶性维生素和水溶性维生素两大类。脂溶性维生素可在体内蓄积，短时间饲料中缺乏，不会造成缺乏症。而水溶性维生素在鸭体内不能贮存，需要经常由饲料提供，否则就容易引起缺乏症。

(1)脂溶性维生素

①维生素 A(视黄醇)：简称 V_A，又称抗干眼病维生素，包括视黄醇、视黄醛、视黄酸，在空气和光线下易氧化分解。V_A 仅存在于动物体内，植物性饲料中仅含有胡萝卜素，又称 V_A 原。胡萝卜素经鸭肝脏和肠壁胡萝卜素酶的作用可不同程度地转变为 V_A。

V_A 的主要生理功能是维持一切上皮组织结构的完整性，保护皮肤和黏膜，促进机体和骨骼生长，并与视觉有关。缺乏时，鸭易患夜盲症，泪腺的上皮细胞角化且分泌减少，发生干眼病，甚至失明。由于上皮组织增生，影响到消化道、呼吸道及泌尿生殖道黏膜的功能，导致鸭抵抗力降低，易患各种疾病，产蛋量减少，饲料利用率降低。雏鸭生长发育受阻，骨骼发育不良。种蛋受精率和孵化率降低。

鸭 V_A 的最低需要量一般在每千克日粮 1 000～5 000IU。过量会引起中毒。

V_A 主要存在于鱼肝油、蛋黄、肝粉、鱼粉中。青绿饲料、胡萝卜等富含胡萝卜素。

②维生素 D：简称 V_D，又称抗佝偻病维生素。V_D 为类固醇衍生物，对鸭有营养作用的是 V_{D_2} 和 V_{D_3}，其中 V_{D_3} 的效能比 V_{D_2} 高 20～30 倍。

V_D 与钙、磷的吸收和代谢有关。能调节鸭体内钙磷代谢，增加肠对钙、磷的吸收，促进软骨骨化与骨骼发育。另外 V_D 还有促进蛋白质合成，提高机体免疫功能。

V_D 缺乏将导致钙、磷代谢障碍，发生佝偻病、骨软化症、关节变形、肋骨弯曲。产软壳蛋、薄壳蛋。鸭在集约化饲养时，容易发生 V_D 缺乏症，放牧饲养进则不易缺乏。

日粮中的钙、磷比例与 V_D 的需要量的多少有关。两者比例越符合机体的需要，所需的 V_D 的量也越少。V_D 在鱼肝油、酵母、蛋黄、肝脏中含量丰富。人工补饲常用 V_{D_3}。

③维生素 E(生育酚)：简称 V_E，又称抗不育症维生素，有 α、β、γ、δ4 种结构，一般指 α-生育酚。

V_E 在鸭体内起催化、抗氧化作用，维护生物膜的完整性，有保护生殖功能、提高功能免疫力和抗应激能力的作用，并与神经、肌肉组织代谢有关。缺乏 V_E 时，雏鸭发生脑软化症，步态不稳，死亡率高。毛细血管通透性增高引起皮下水肿——渗出性素质。肌肉营养不良，出现白肌病。种鸭繁殖机能紊乱，产蛋率和受精率降低，胚胎死亡率提高。

V_E 与硒存在协同作用，能减轻缺硒引起的缺乏症。另外，由于 V_E 的抗氧化作用，可保护 V_A。但 V_A 与 V_E 存在吸收竞争，因此 V_A 的用量加大时要同时加大 V_E 的供给量。

V_E 主要存在于植物性饲料中，其中谷实胚芽中含量最高，新鲜青绿饲料及植物油也是 V_E 的重要来源。

④维生素 K：简称 V_K，又称凝血维生素和抗出血维生素，是萘醌的衍生物，有 V_{K_1}、V_{K_2}、V_{K_3} 三种形式，其中 V_{K_1}、V_{K_2} 是天然的，V_{K_3} 是人工合成的，能部分溶于水。

V_K 的主要生理功能是促进动物肝脏合成凝血酶原及凝血

活素，并使凝血酶原转化为凝血酶，是维持正常凝血所必需的成分。缺乏时，雏鸭皮下组织及胃肠道易出血而呈现紫色血斑，种蛋孵化率和健雏率都低。

V_K 主要存在于青绿饲料中。人工添加的多是人工合成的 V_{K_3}。生产上多种因素会加大鸭对 V_K 的需要量，如饲料霉变，长期使用抗生素和磺胺类药物，以及一些疾病的发生等。

(2)水溶性维生素

①维生素 B_1(硫胺素)：简称 V_{B_1}，参与体内糖代谢。当 V_{B_1} 缺乏时丙酮酸不能被氧化，造成神经组织中丙酮酸和乳酸的积累，能量供应减少，以致影响神经组织、心肌的代谢和功能，出现多发性神经炎、肌肉麻痹，腿伸直，头颈扭转，发生痉挛。另外，V_{B_1} 能抑制胆碱酯酶活性，减少乙酰胆碱的水解，具有促进胃肠道蠕动和腺体分泌，保护胃肠的功能，若缺乏，则出现消化不良，食欲不振，体重减轻等症状。雏鸭对 V_{B_1} 缺乏较敏感。

V_{B_1} 主要存在于谷实类饲料的种皮和胚中，尤其是加工副产品糠麸和酵母中含量较高。鸭对 V_{B_1} 的需要量一般为每 kg 日粮 1～2mg，通常以添加剂的形式补充。一些新鲜的软体动物内脏中含有较多的硫胺素酶，会破坏 V_{B_1}，故最好不要生喂。

②维生素 B_2(核黄素)：简称 V_{B_2}，参与生物氧化过程，与糖类、脂肪和蛋白质代谢有关。鸭缺乏 V_{B_2} 会引起代谢紊乱，出现多种症状，主要是跗关节着地，趾向内弯曲成拳状(卷曲爪)。鸭生长缓慢、腹泻、垂翅、产蛋率下降，种蛋孵化率极低。

V_{B_2} 主要存在于青绿饲料、干草粉、饼粕类饲料、糠麸及酵母中，动物性饲料中含量也较高。而谷类籽实、块根、块茎类饲料中含量很少。因此，雏鸭更容易发生 V_{B_2} 缺乏症。鸭对 V_{B_2} 的最低需要量一般为每千克日粮 2～4mg。高能量高蛋白日粮、低温环境以及抗生素的使用等因素，会加大对 V_{B_2} 的需要量。

③维生素 B_3（泛酸）：泛酸以乙酰辅酶 A 形式参与机体代谢，同时也是体内乙酰化酶的辅酶，对糖、脂肪和蛋白质代谢过程中的乙酰基转移具有重要作用。缺乏时，鸭易发生皮炎、羽毛粗乱，生长受阻，胫骨短粗，喙、眼及肛门边、爪间及爪底的皮肤裂口发炎，形成痂皮。种蛋孵化率下降，胚胎死亡率升高。

泛酸广泛存在于动植物饲料中，酵母、米糠和麦麸是良好的泛酸来源。鸭一般不会发生泛酸缺乏症，但玉米—豆粕型日粮中需添加泛酸，其商品形式为泛酸钙。鸭对泛酸的需要量一般为每千克日粮 10～30mg。

④维生素 B_4（胆碱）：胆碱是体内磷脂酰胆碱（卵磷脂）的组成成分，与磷脂代谢有关，有防治脂肪肝的作用。鸭胆碱缺乏表现为脂肪代谢障碍，形成脂肪肝；胫骨粗短，关节变形出现溜腱症；生长迟缓，产蛋率下降，死亡率升高。

胆碱与其他水溶性维生素不同，在体内可以合成，并且作为体组织的结构成分而发挥作用，故鸭对胆碱的需要量比较，体内合成的量入往往不能满足，必须在日粮中添加。鸭对胆碱的需要量为每千克饲料 500～2 000mg。

⑤维生素 B_5（烟酸）：又叫尼克酸，简称 V_{pp}，在能量利用及脂肪、糖类和蛋白质代谢方面都有重要作用，具有保护皮肤黏膜的正常功能。

缺乏烟酸时，雏鸭食欲不振，生长缓慢，羽毛粗乱，皮肤和脚有鳞状皮炎，跗关节肿大，类似骨粗短症，溜腱症；成年鸭发生“黑舌病”，羽毛脱落，产蛋量、孵化率下降。

烟酸在酵母、麸皮、青绿饲料、动物蛋白饲料中含量丰富。玉米、小麦、高粱等谷物中的烟酸大多呈结合状态，鸭利用率低，需要在日粮中补充。鸭对烟酸的需要量为每千克日粮 10～70mg。

⑥维生素 B_6（吡哆醇）：简称 V_{B_6}，包括吡哆醇、吡哆胺和吡哆醛，参与蛋白质代谢。缺乏时，食欲不振，增重缓慢。皮下水肿，脱毛，中枢神经紊乱，兴奋性增高，痉挛，拍打翅膀或翅膀下垂，常衰竭而死。成年鸭产蛋率和孵化率下降。

植物性饲料中含有较多的 V_{B_6}，动物性饲料及块根块茎中含量较少。鸭一般不会发生 V_{B_6} 缺乏，当日粮中蛋白质水平较高时，会提高鸭对 V_{B_6} 的需要量一般为每千克日粮 2～5mg。

⑦维生素 B_7（生物素）：简称 V_{B_7}，又称 V_H，是鸭体内许多羧化酶的辅酶，参与了体内三大营养物质代谢。缺乏生物素时，鸭生长缓慢，羽毛干燥，易患溜腱症与胫骨短粗症，爪底、喙边及眼睑周围裂口变性发炎，产蛋率和孵化率降低，胚胎骨骼畸形，呈鹦鹉嘴。

V_{B_7} 广泛存在于动植物蛋白质饲料和青绿饲料中，鸭一般不会出现 V_{B_7} 缺乏症，但饲料霉变，日粮中脂肪酸败以及抗生素的使用等因素会影响鸭对 V_{B_7} 的利用。

⑧维生素 B_{11}（叶酸）：$V_{B_{11}}$ 在植物的绿叶中含量十分丰富，故称叶酸。与蛋白质和核酸代谢有关，能促进红血球和血红蛋白的形成。

缺乏叶酸时生长受阻，羽毛脱色，溜腱症，巨红细胞性贫血与白细胞减少，产蛋率、孵化率下降，胚胎死亡率高。

鸭通常不会发生叶酸缺乏症，但长期饲喂磺胺类药物或广谱抗菌药,可能会发生。

⑨维生素 B_{12}(氰钴素):简称 $V_{B_{12}}$,在体内参与许多物质代谢过程,与叶酸协同参与核酸和蛋白质的生物合成,维持造血机能的正常运转。

缺乏 $V_{B_{12}}$,鸭生长停滞,羽毛粗乱,贫血,肌胃糜烂,饲料转化率低,骨粗短,种蛋孵化率降低,弱雏增多。

$V_{B_{12}}$ 主要存在于动物性饲料中,其中鱼粉、肝脏、肉粉中含量较高,植物性饲料几乎不含 $V_{B_{12}}$。鸭日粮中只要动物性饲料充足,一般不会发生 $V_{B_{12}}$ 缺乏症,但可作为促生长因子添加到饲料中。

⑩维生素 C(抗坏血酸):简称 V_C,V_C 参与体内一系列代谢过程。具有抗氧化作用,保护机体内其他化合物免受氧化,能提高机体的免疫力和抗应激能力。

V_C 缺乏,发生坏血病,毛细血管通透性增大,黏膜出血,机体贫血,生长停滞,代谢紊乱,抗感染与抗应激能力降低,可能还会影响到蛋壳质量。

鸭体内可由葡萄糖合成 V_C,故一般不会出现 V_C 缺乏症。但生长迅速,生产力高,处于高温、疾病、饲料变化、转群、接种等应激情况下的鸭群仍需另行补饲。

鸭对维生素的需要量受生理特点、生产水平、饲养方式、应激、维生素颉颃物、饲料加工、贮存、抗菌药物、日粮营养浓度、健康状况等多种因素影响。

需要注意的是我国及美国 NRC 提出的维生素需要量都只接近防止临床缺乏症出现的最低需要量,此时鸭虽不表现出缺乏症,但生产性能并非最佳。而满足鸭充分遗传潜力、表现最佳生产性能所需要的量，称为适宜需要量。很显然，适宜需要量高于最低需要量。在生产实际中，实际添加量即供给量还比适宜需要量高，这是因为考虑到鸭个体间的差异、影响维生素的一些因素，以及为使鸭获得最佳抗病力和抗应激能力而增加一个安全系数。通常在适宜需要量的基础上增加10%，但不可一概而论，应具体情况具体对待。现将不同情况下需要增加的维生素比例列于表3-1，供参考。

表3-1　不同情况下鸭对维生素需要量增加的比例

影响因素	受影响的维生素种类	维生素需要量的增加
饲料成分	所有维生素	10%～20%
环境温度	所有维生素	20%～30%
舍饲笼养	B族维生素、维生素K	40%～80%
使用未加稳定剂含有过氧化物的脂肪	维生素A、维生素D、维生素E、维生素K	100%或更高
肠道寄生虫(如蛔虫、毛细线虫等)	维生素A、维生素K	100%或更高
使用亚麻籽粕	维生素B_6	50%～100%
脑脊髓炎、球虫病等疾病	维生素A、维生素E、维生素K、维生素C	100%或更高

5. 矿物质

矿物质在鸭生命活动中起着重要作用。现已证明，在鸭体内具有营养生理功能的必需矿物元素有22种。按各种矿物质在鸭体内的含量不同,可分为常量元素和微量元素。把占鸭体重0.01%以上的矿物元素称为常量元素,包括钙、磷、镁、钠、钾、氯和硫;占鸭体重0.01%以下的元素称为微量元素,包括铁、锌、铜、锰、碘、硒、氟、钼、铬、硅、钒、砷、锡、镍。后几种必需元素鸭需要量极微,实际生产中基本上不出现缺乏症。

矿物质不仅是构成鸭骨骼、羽毛等体组织的主要组成成分,而且对调节鸭体内渗透压,维持酸、碱平衡和神经肌肉正常兴奋性,都具有重要作用,同时,一些矿物元素还参与体内血红蛋白、甲状腺等重要活性物质的形成,对维持机体正常代谢发挥着重要功能。另外,矿物质也是蛋壳等产品的重要原料。如果这些必需元素缺乏或不足,将导致鸭物质代谢严重障碍,降低生产力,甚至导致死亡。如果这些矿物元素过多则会引起机体代谢紊乱,严重时也会引起中毒和死亡。因此,日粮中提供的矿物元素含量必须符合鸭营养需要。

(1)鸭需要的常量元素

①钙与磷:钙、磷是鸭体内含量最多的矿物质元素,其中99%以上的钙存在于骨骼中,余下的钙存在于血液、淋巴液及其他组织中。骨骼中的磷占全身总磷的80%左右,其余的磷分布于各器官组织和体液中。钙是构成骨骼和蛋壳的重要成分,参与维持肌肉和神经的正常生理功能,促进血液凝固,并且是多种酶的激活剂。磷不仅参与了骨骼的形成,在糖类和脂肪代谢,以及维持细胞生物膜的功能和机体酸碱平衡等方面,也起着重要作用。

鸭对钙的需要量,雏鸭和青年鸭为日粮的0.9%,产蛋鸭为日粮的3%~3.75%,过多或过少,对鸭的健康、生长和产蛋都有不良影响。产蛋鸭需要磷多些，因为蛋壳及蛋黄中的磷脂酰胆碱、蛋黄磷蛋白中都含有磷。鸭在日粮中对有效磷的需要量，雏鸭为0.46%，青年鸭为0.35%，产蛋鸭为0.5%。

钙、磷的代谢与维生素D有密切关系。维生素D有促进钙、磷吸收的作用。维生素D缺乏时，钙和磷虽有一定数量和适当比例，产蛋母鸭也会生软壳蛋，生长鸭也会引起软骨症。

钙和磷(有效磷)的适当比例，雏鸭为2∶1，青年鸭为2.5∶1，产蛋鸭为6.5∶1。

鸭很容易发生钙、磷缺乏症，其中缺钙更容易发生，表现为：雏鸭出现软骨症，关节肿大，骨端粗大，腿骨弯曲或瘫痪，胸骨呈S型；成年鸭蛋壳变薄，产软壳蛋、畸形蛋，产蛋率和孵化率下降。鸭缺磷时，往往食欲不振，生长缓慢，饲料转化率降低。日粮中钙、磷过多对鸭生长也不利，并影响到其他营养物质的吸收利用。钙过多，饲料适口性差，影响采食量，并会阻碍磷、锌、锰、铁、碘等元素的吸收；磷过多也会降低钙、镁的利用率。

生产上能作为补充钙或磷的饲料种类很多，常用的有骨粉、石灰石粉、贝壳粉、磷酸氢钙、沸石、麦饭石等。

②钠、氯和钾：主要分布在鸭体液和软组织中，其主要作用是维持机体正常渗透压和酸碱平衡，控制水盐代谢。

由于鸭没有贮存钠的能力，很容易缺乏，表现为采食量减少，生长缓慢，产蛋率下降，并发生啄癖。一般植物性饲料都缺乏钠和氯，因此，必须在饲料中经常添加食盐。鸭日粮中食盐添加量一般为0.25%～0.5%，不能过多，否则易引起食盐中毒，特别是在饲喂含盐分高的饲料(如鱼粉)时，更应注意。

鸭对钾的需要量一般占饲料干物质的0.2%～0.3%，由于在植物性饲料中钾的含量丰富，因此，不必额外补充钾。

③镁和硫：镁也是鸭体内分布广、含量高的矿物元素。其中70％左右在骨中，其余在体液、软组织和蛋壳中。

镁参与骨骼的生长，在维持神经、肌肉兴奋性方面起着重要作用。镁不足，鸭的神经、肌肉兴奋性增加，产生“缺镁痉挛症”。

镁在植物性饲料中含量丰富，一般不需给鸭专门补充。

鸭体内含硫约0.15％，分布于全身几乎所有细胞，为胱氨酸、半胱氨酸、蛋氨酸等含硫氢基酸的组成部分。鸭的羽毛、爪等角蛋白中都含有大量的硫。

硫对蛋白质的合成、糖类的代谢和许多激素、羽毛的形成均有重要作用。动物性蛋白供应丰富时，一般不会缺硫，多数微量元素添加剂都是硫酸盐，当使用这些添加剂时，鸭也不会缺硫。日粮中胱氨酸和蛋氨酸缺乏时会造成缺硫。缺硫时，食欲减退、掉毛，并常因体质虚弱而引起死亡。饲料中缺硫时可补饲硫酸钠、蛋氨酸或一些维生素。

(2)鸭需要的微量元素

①铁、铜和钴：这三种元素都与机体造血功能有关。铁是组成血红蛋白、肌红蛋白、细胞色素及多种氧化酶的重要成分，在体内担负着输送氧的作用。铜与铁的代谢有关，参与机体血红蛋白的形成，鸭体内铁和铜缺乏时，都会引起贫血，但由于饲料中含铁量丰富，同时，鸭能较好利用机体周转代谢产生的铁，因此，鸭一般不易缺铁。缺铜还会影响骨骼发育，引起骨质疏松，出现腿病。另外，日粮中缺铜还会出现食欲不振、异食嗜症、运动失调和神经症状。钴是维生素B_{12}的组成成分，参与了机体造血功能，并具有促生长作用。缺钴时一般表现为生长缓慢、贫

血、骨粗短、关节肿大。鸭日粮中一般含钴不少，加之需要量较低，故不易出现缺钴现象。日粮一般利用硫酸亚铁、氯化铁、硫酸铜、氯化钴或硫酸钴等来防止鸭发生铁、铜或钴缺乏症。

②锰：锰参与体内蛋白质、脂类和糖类代谢，对鸭的生长、繁殖和骨骼的发育有重要影响。缺锰时，雏鸭骨骼发育不良，生长受阻，体重下降，易患"溜腱症"、骨粗短症。成年鸭产蛋量下降，种蛋孵化率降低，产薄壳蛋，死胚增多。

鸭对锰的需要量有限，一般植物性饲料中都含有锰元素，青绿饲料及糠麸类饲料普遍含锰丰富，因而不易发生缺乏症。日粮中钙、磷含量过多，会影响锰的吸收，加重锰的缺乏症。生产上常以硫酸锰、氧化锰来满足锰的需要。

③锌：锌参与体内三大营养物质代谢和核糖核酸、脱氧核糖核酸的生物合成，与羽毛生长、皮肤健康、骨骼发育和繁殖功能有关。鸭缺锌时，食欲不振，体重减轻，羽毛生长不良，毛质松脆，跖骨粗短，表面呈鳞片样，产软壳蛋，孵化率降低，死胎增多，健雏率下降。

植物性饲料中含锌量有限，而且利用率低，日粮中通常需补充锌，补饲一般选用硫酸锌或氧化锌，但应注意，钙、锌存在颉颃作用，日粮中钙过多会增加鸭对锌的需要量。

④碘：碘是构成甲状腺素的重要成分，并通过甲状腺素的功能活动对鸭机体物质代谢起调节作用，能提高基础代谢率，增加组织细胞耗氧量，促进生长发育，维持正常繁殖机能。缺碘时，甲状腺素合成不足，基础代谢率降低，生长受阻、繁殖力下降，种蛋孵化率降低。

由于谷物籽实类饲料中含碘量极低，鸭常不能满足需要，特别是在缺碘地区,更加需要在日粮中添加碘制剂。一般碘化钾和碘酸钙是较有效和稳定的碘源,碘酸钙优于碘化钾。

⑤硒:硒是谷胱甘肽过氧化物酶的组成成分,以硒半胱氨酸的形成存在于其中,与维生素 E 间存在协同作用,能节省鸭对维生素 E 的需要量,有助于清除体内过氧化物,对保护细胞脂质膜的完整性,维持胰腺正常功能具有重要作用。

鸭硒缺乏症表现为精神沉郁、食欲减退、生长迟缓、渗出性素质及肌肉营养不良,并引起肌胃变性、坏死和钙化,产蛋率和孵化率降低,机体免疫功能下降。

鸭对硒的需要量极微,但由于我国大部分地区是缺硒地域,很多饲料的硒含量与利用率又很低,故一般需要在日粮中添加硒,添加量一般为 0.15mg/kg,多以亚硒酸钠形式添加。

硒是一种毒性很强的元素,其安全范围很小,容易发生中毒,因此在配合日粮时,应准确计量,混合均匀,并要求预混合。

⑥氟:氟在鸭体内的含量极少,60%～80%存在于骨骼中。氟能促进骨骼的钙化,提高骨骼的硬度。鸭对氟的需要量很少,一般不易缺乏,经常的情况是摄入的氟往往过多,从而引起累积性中毒。这是因为采食了未脱氟的磷灰石作为矿物质饲料,或饮用了含氟量高的地下水。

鸭氟中毒的临床表现主要为精神沉郁,采食量下降;"腿软"、无力站立、喜伏于地面,行走困难;蛋壳质量下降。

其他一些微量元素虽然为鸭所必需,但在自然条件下一般不易缺乏,无须补充。

(二)鸭常用饲料及其营养特点

饲料通常可以分为能量饲料、蛋白质饲料、青绿饲料、矿物质饲料、维生素饲料及饲料添加剂等。不同饲料差异很大。了解各种饲料的营养特点与影响其品质的因素,对于合理调制和配合日粮,提高饲料的营养价值具有重要意义。

1. 能量饲料

能量饲料是指饲料干物质中粗纤维含量小于18%,粗蛋白质含量小于20%的饲料。这类饲料在鸭日粮中占的比重较大,是能量的主要来源,包括谷实类及其加工副产品。

(1)谷实类:谷实类饲料包括玉米、大麦、小麦、高粱等粮食作物的籽实。其营养特点是淀粉含量高,有效能值高,粗纤维含量低,适口性好,易消化。但粗蛋白含量低,氨基酸组成不平衡,色氨酸、赖氨酸、蛋氨酸少,生物学价值低;矿物质中钙少磷多,植酸磷含量高,鸭不易消化吸收。因此在生产上应与蛋白质饲料、矿物质饲料和维生素饲料配合使用。

①玉米:玉米号称饲料之王,在配合饲料中占的比重很大,其有效能值高,代谢能含量达13.50~14.04MJ/kg。但玉米的蛋白质含量低,只有7.5%~8.7%,必需氨基酸不平衡,矿物质元素和维生素缺乏。在配合饲料中需补充其他饲料和添加剂。

黄玉米中含有胡萝卜素和叶黄素,对保持蛋黄、皮肤及脚部的黄色具有重要作用。

粉碎的玉米如水分高于14%时,易发霉变质,应及时使用,如需长期贮存以不粉碎为好。

②大麦:大麦含代谢能 11.34MJ 左右,比玉米低,粗纤维含量高于玉米,但粗蛋白质含量较高,11%~12%,且品质优于其他谷物。大麦在鸭饲粮中的用量一般为 15%~30%,雏鸭应限量使用。

③小麦:小麦含能量高,代谢能约为 12.5MJ/kg,粗纤维少,适口性好,其粗蛋白质含量在禾谷类中最高,达 12%~15%,但苏氨酸、赖氨酸缺乏,钙、磷比例也不当,使用时必须与其他饲料配合。

④高粱:高粱代谢能在 12~13.7MJ/kg,蛋白质含量与玉米相当,但品质较差,其他成分与玉米相似。由于高粱含单宁较多,味苦,适口性差,并影响蛋白质、矿物质的利用率,因此在鸭日粮中应限量使用,不宜超过 15%。低单宁高粱其用量可适当提高。

⑤燕麦:燕麦代谢能为 11MJ/kg 左右,粗蛋白质 9%~11%,含赖氨酸较多,但粗纤维含量也高,达到 10%,故不宜在雏鸭和种用鸭中过多使用。

(2)糠麸类:糠麸类饲料是谷类籽实加工制米或制粉后的副产品。其营养特点是无氮浸出物比谷实类饲料少,粗蛋白含量与品质居于豆科籽实与禾本科籽实之间,粗纤维与粗脂肪含量较高,易酸败变质,矿物质中磷大多以植酸盐形式存在,钙、磷比例不平衡。另外,糠麸类饲料来源广、质地松软、适口性好。

①麦麸:包括小麦、大麦等的麸皮,含蛋白质、磷、镁和 B 族维生素较多,适口性好,质地蓬松,具有轻泻作用,是饲养鸭的常

用饲料,但粗纤维含量高,应控制用量。一般雏鸭和产蛋期鸭麦麸用量占日粮的5%～15%,育成期占10%～25%。

②米糠:米糠是糙米加工成白米时分离出的种皮、糊粉层、胚及少量胚乳的混合物。其营养价值与加工程度有关。含粗蛋白质12%左右,钙少磷多,维生素B族丰富,粗脂肪含量高,易酸败变质,天热不宜长久贮存。由于米糠中粗纤维多,影响了消化率,同样应限量使用。一般雏鸭米糠用量占日粮的5%～10%,育成期10%～20%。

③块根、块茎和瓜类:这类饲料含水分高,自然状态下一般为70%～90%。干物质中淀粉含量高,纤维少,蛋白质含量低,缺乏钙、磷,维生素含量差异大。常用的有甘薯、马铃薯、胡萝卜、南瓜等,由于适口性好,鸭都喜欢吃,但养分往往不能满足需要,饲喂时应配合其他饲料。

2. 蛋白质饲料

蛋白质饲料是指干物质中粗纤维含量在18%以下,粗蛋白含量大于或等于20%的饲料。可分为植物性蛋白质饲料、动物性蛋白质饲料、单细胞蛋白质饲料和合成氨基酸四类。

(1)植物性蛋白质饲料:植物性蛋白质饲料包括豆科籽实、饼粕类及部分糟渣类饲料。鸭常用的是饼粕类饲料,它是豆科籽实和油料籽实提油后的副产品,其中压榨提油后块状副产品称作饼,浸提出油后的碎片状副产品称粕。常见的有大豆饼粕、菜籽饼粕、棉籽饼粕、花生饼粕等。这类饲料的营养特点是粗蛋白含量高,氨基酸较平衡,生物学价值高;粗脂肪含量因加工方法不同差异较大,一般饼类含油量高于粕类;粗纤维的含量与加工时有无壳有关;矿物质中钙少磷多;B族维生素含量丰富。这类饲料往往含有一些抗营养因子,使用时应注意。

①大豆饼、粕:是所有饼粕类饲料质量最好的,蛋白质含量达40%～50%,赖氨酸含量高,与玉米配合使用效果较好,但蛋氨酸含量偏低。另外,生豆饼和生豆粕中含有胰蛋白酶抑制因子、血凝素、皂角素等抗营养因子,会影响蛋白质的利用,可以通过加热处理来破坏这些有害物质,但加热不当也会对蛋白质产生热损害,影响赖氨酸的吸收和利用。大豆饼、粕可作为蛋白质饲料的惟一来源来满足鸭对蛋白质的需要,适当添加蛋氨酸和赖氨酸,基本上可配制氨基酸平衡的日粮。

②菜籽饼、粕:油菜籽榨油后所得副产品为菜籽饼(粕)。其粗蛋白质含量在36%左右,蛋氨酸含量高,但所含硫葡萄糖甙在芥子酶作用下,可分解为异硫氰酸盐和噁唑烷硫酮等有毒物质,会引起动物甲状腺肿大,激素分泌减少,生长和繁殖受阻,并影响采食量。因此在实际使用时应限量饲喂,一般占日粮5%～8%为宜,如果与棉仁饼配合使用效果较好。

③棉籽饼、粕:是提取棉籽油后的副产品,含粗蛋白质32%～37%,脱壳的棉仁粗蛋白质可达40%,精氨酸含量高,但赖氨酸和蛋氨酸含量偏低。棉籽饼(粕)中存在游离棉酚,会影响动物细胞、血液和繁殖机能,在日粮中应控制用量,雏鸭及种用鸭不超过8%,其他鸭不超过10%～15%。

(2)动物性蛋白质饲料:这类饲料主要是水产品、肉类、乳和蛋品加工的副产品,还有屠宰场和皮革厂的废弃物及缫丝厂的蚕蛹等。其共同特点是蛋白质含量高,品质好,矿物质丰富,比例适当,维生素中B族维生素丰富,特别富含有$V_{B_{12}}$,另外一个特点是糖类含量极少，不含纤维素，因此消化率高，但含有一定数量的油脂，容易酸败，影响产品质量，并容易被病原细菌污染。

①鱼粉：包括进口鱼粉和国产鱼粉。进口鱼粉主要来自秘鲁、智利等国，一般由鳕鱼、鲱鱼、沙丁鱼等全鱼制成，其蛋白质含量高，一般在60%以上，高者可达70%，并且品质好，赖氨酸和蛋氨酸含量高；钙磷含量高，比例好，而且磷的利用率也高；另外，鱼粉中含有脂溶性维生素，水溶性维生素中核黄素、生物素和$V_{B_{12}}$的含量丰富，并且含有未知生长因子。

国产鱼粉的质量差异较大，蛋白质含量高者可达60%以上，低者不到30%，并且含盐量较高，因此在日粮中的配合比例不能过高。

由于鱼粉价格较高，在鸭日粮中的用量一般不超过5%，主要是配合植物性蛋白质饲料使用。

②肉骨粉：由动物下脚料及废弃屠体，经高温高压灭菌后的产品。因原料来源不同，骨骼所占比例不同，营养物质含量变化很大，粗蛋白质在20%～55%，赖氨酸含量丰富，但蛋氨酸、色氨酸较少，钙、磷含量高，缺乏V_A、V_D、V_{B_2}、烟酸等，但$V_{B_{12}}$较多，在鸭日粮中可搭配5%左右。

③血粉：是屠宰牲畜所得血液经干燥后制成的产品，含粗蛋白质80%以上，赖氨酸含量6%～7%，但异亮氨酸严重缺乏，蛋氨酸也较少。由于血粉的加工工艺不同，导致蛋白质和氨基酸的利用率有很大差别。低温高压喷雾干燥的血粉，其赖氨酸利用率为80%～95%，而老式干燥方法为40%～60%。血粉中含铁多，钙、磷少，适口性差，在日粮中不宜多用，通常占日粮1%～3%。

④羽毛粉:禽体羽毛经蒸汽加压水解、干燥粉碎而成。含粗蛋白质83%以上,但蛋白质品质差,赖氨酸、蛋氨酸和色氨酸含量很低,胱氨酸含量高。羽毛粉适口性差,使用时应控制用量,日粮中一般不超过3%。

⑤蚕蛹粉:是蚕蛹干燥粉碎后的产品,含有较高脂肪,易酸败变质,影响肉、蛋品质。脱脂蚕蛹粉含蛋白质60%~68%,含蛋氨酸、赖氨酸、核黄素较高,在鸭日粮中搭配5%左右。

(3)单细胞蛋白质饲料:这类饲料是利用各种微生物体制成的蛋白质饲料,包括酵母、非病原菌、原生动物及藻类。在饲料中应用较多的是饲料酵母。

饲料酵母含粗蛋白质40%~50%,蛋白质生物学价值介于动物蛋白与植物蛋白之间,赖氨酸含量高,蛋氨酸含量偏低,B族维生素丰富。添加到日粮中可以改善蛋白质品质,补充B族维生素,提高饲粮的利用效率。饲料酵母具有苦味,适口性差,在饲粮中的配比一般不超过5%。

(4)氨基酸:氨基酸按国际饲料分类法属于蛋白质饲料,但生产上习惯称为氨基酸添加剂。目前工业化生产的饲料级氨基酸有蛋氨酸、赖氨酸、苏氨酸、色氨酸、谷氨酸和甘氨酸,其中蛋氨酸和赖氨酸最易缺乏,是限制性氨基酸,因此在生产上应用较普遍。

3. 青绿饲料

青绿饲料是鸭喜欢吃的饲料,尤其是野鸭。青绿饲料主要包括牧草类、叶菜类、水生类、根茎类等,具有来源广泛、成本低等优点。

青绿饲料的营养特点是：干物质中蛋白质含量高，品质好；钙含量高，钙、磷比例适宜；粗纤维含量少，消化率高，适口性好；富含胡萝卜素及多种B族维生素。这些营养特点对鸭的健康和生产都很重要。青绿饲料在使用前应进行适当调制，如清洗、切碎或打浆，这有利于采食和消化。还应注意避免有毒物质的影响，如氢氰酸、亚硝酸盐、农药中毒以及寄生虫感染等。在使用过程中，应考虑植物不同生长期对养分含量及消化率的影响，适时刈割。由于青绿饲料具有季节性，为了做到常年供应，满足鸭的要求，可有选择地人工栽培一些生物学特性不同的牧草或蔬菜。常用青绿多汁饲料营养成分见表3-2。

表3-2　常用青绿多汁饲料营养成分

单位：%、MJ/kg

饲　料	水分	代谢能	粗蛋白质	粗纤维	钙	磷
苜蓿	70.8	1.05	5.3	10.7	0.49	0.09
三叶草	88.0	0.71	3.1	1.9	0.13	0.04
苦荬菜	90.3	0.54	2.3	1.2	0.14	0.04
聚合草	88.8	0.59	3.7	1.6	0.23	0.06
黑麦草	83.7	—	3.5	3.4	0.10	0.04
狗尾草	89.9	—	1.1	3.2	—	—
苕子	84.2	0.84	5.0	2.5	0.20	0.06
紫云英	87.0	0.63	2.9	2.5	0.18	0.07
胡萝卜秧	80.0	1.59	3.0	3.6	0.40	0.08

续表

饲 料	水分	代谢能	粗蛋白质	粗纤维	钙	磷
甜菜叶	89.0	1.26	2.7	1.1	0.06	0.01
莴苣叶	92.0	0.67	1.4	1.6	0.15	0.08
白菜	95.1	0.25	1.1	0.7	0.12	0.04
苋菜	88.0	0.63	2.8	1.8	0.25	0.07
甘薯	75.0	3.68	1.0	0.9	0.13	0.05
胡萝卜	88.0	1.59	1.1	1.2	—	—
南瓜	90.0	1.42	1.0	1.2	0.04	0.02

常用的栽培牧草、水生类和瓜菜类主要有以下几种：

(1)紫花苜蓿：为豆科牧草，在全国大部分地区都有栽培，种1次可利用10年左右，可春播，更适于秋播，每年刈割3～5次，每公顷产75～90t，一般在花前期刈割，此时粗纤维含量少，粗蛋白质含量高，适口性也好。苜蓿可鲜喂，也可制成干草、干草粉与精料混合饲喂。

(2)红三叶与白三叶：为豆科牧草，在我国种植也较广泛，可春、秋播种。在现蕾前期叶多茎少，草柔嫩，品质较好，应在此时刈割。每年可刈割3～4次，每公顷产75t左右。

(3)黑麦草：为多年生禾本科牧草，喜温暖湿润气候，宜秋播。黑麦草生长快，分蘖多，茎叶柔软光滑，品质好。每年可刈割3～4次，每公顷产45～60t。

(4)苦荬菜：苦荬菜鲜嫩多汁，味稍苦，适口性好，干物质中粗蛋白质含量较高。其特点是生长快，产量高，再生能力强，每年可刈割 3～5 次，每公顷产量可达 90t 左右。

(5)聚合草：聚合草适应性和耐荫性强、利用期长、产量高，每年可刈割 3～5 次，每公顷产 112.5～150t。营养丰富，并富含多种维生素。主要利用其叶，但通常带有粗硬的短刚毛，饲喂鸭时应打浆使用。

(6)菊苣：菊苣叶质柔嫩，再生性好，利用期长，产量高，适应性广。一般在 40cm 时刈割，每年收 6～8 次，每公顷产量可达 300t。

(7)水生饲料：水生饲料具有生长快、产量高，不占耕地和饲用时间等优点，利用河流、湖泊、水库等水面养植。常见的有水花生、水葫芦、绿萍、水芹菜等。水生饲料水分含量高，干物质少，能量低，应与精料配合使用。

(8)瓜菜类：各种瓜菜通常作为人的蔬菜，但在冬春缺乏青绿饲料的季节，也可切碎或打浆拌料饲喂鸭，如胡萝卜、南瓜、白菜等。瓜菜类由于水分含量较高，其喂量不宜过大，一般占精料的 5%～10%。

另外，在放牧饲养时，田间地头、河渠两岸生长的野草、野菜也是养鸭良好的饲料来源。

4. 矿物质饲料

(1)钙、磷饲料

①钙源饲料：常用的有石灰石粉、贝壳粉、蛋壳粉，另外还有工业碳酸钙、磷酸钙及其他副产钙源饲料。

a. 石灰石粉：简称石粉，为石灰岩、大理石矿综合开采的产品。主要化学成分为碳酸钙($CaCO_3$)，含钙量不低于 35%。

b. 贝壳粉：由海水或淡水软体动物的外壳加工而成，其主要成分也是碳酸钙，含钙量在 34%～38%。

c. 蛋壳粉：由蛋品加工厂或大型孵化场收集的蛋壳，经灭菌、干燥、粉碎而成。钙含量在 30%～35%。

d. 碳酸钙：俗名双飞粉，工业材料，也可用为饲料的钙源和添加剂预混料的稀释剂，含钙量较高，可达 40%。

②磷源和磷、钙源饲料：只提供磷源的矿物质饲料主要有磷及其磷酸盐，如磷酸二氢钙（NaH_2PO_4）和磷酸氢二钠（Na_2HPO_4）各含磷 25%和 21%，同时，也提供 19%和 32%的钠。其他一些磷饲料也同时含有一定量的钙，称为钙、磷平衡饲料。

a. 骨粉：是由动物杂骨经热压、脱脂、脱胶后干燥、粉碎制成的，其基本成分是磷酸钙，钙、磷比为 2∶1，是钙、磷较平衡的矿物质饲料。骨粉中含钙 30%～35%，含磷 13%～15%。未经脱脂、脱胶和灭菌的骨粉，易酸败变质，并有传播疾病的危险，应特别注意。

b. 磷酸钙盐：是由化工生产的产品或磷矿石制成。最常用的是磷酸二钙即磷酸氢钙（$CaHPO_4 \cdot 2H_2O$），还有磷酸一钙即磷酸二氢钙[$Ca(H_2PO_4)_2 \cdot H_2O$]，它们的溶解性要好于磷酸三钙[$Ca_3(PO_4)_2$]，动物对其中的钙磷吸收利用率也较高。使用磷酸盐矿物质饲料要注意其氟的含量，不宜超过 0.2%，否则会引起鸭中毒，甚至大批死亡。含氟量高的磷矿石应作脱氟处理。

现将各矿物质的钙、磷含量列于表 3-3。

表 3-3　常用钙、磷源饲料中各种成分含量

	石粉	贝壳粉	骨粉	磷酸氢钙	磷酸三钙	脱氟磷灰石粉
钙(%)	37	37	34	23	38	28
磷(%)	—	0.3	14	18	20	14
氟(mg/kg)	5	—	3 500	800	—	—
磷的相对生物效价	—	—	85	100	80	70

(2)食盐:主要提供钠和氯两元素,具有刺激唾液分泌,促进消化的作用,同时还能改善饲料味道,增进食欲,维持机体细胞正常渗透压。植物性饲料中钠和氯的含量大多不足,动物性饲料中含量相对较高,由于鸭日粮中动物性饲料用量很少,故需补充食盐。一般在日粮中的添加量为0.25%~0.5%。鸭对食盐较敏感,过多会中毒,应注意避免,特别在使用含盐分较高的饲料时,添加量应减少或不加。

(3)微量元素矿物质饲料:这类饲料虽属矿物质饲料,但在生产上常以微量元素添加剂预混料的形式添加到日粮中。主要用于补充鸭生长发育和产蛋所需的各种微量元素。

常用的微量元素化合物的种类和元素含量见表3-4。

鸭对微量元素的需要量极微,不能直接加到饲料中,而应把微量元素化合物按照一定的比例和加工工艺配合成预混料,再添加到饲粮中。

5. 维生素饲料

指由工业合成或提纯的维生素制剂,不包括富含维生素的天然青绿饲料,习惯上称为维生素添加剂。

表 3-4　纯化合物的微量元素含量

元素	化合物	化学式	微量元素含量(%)
铁	七水硫酸亚铁	$FeSO_4 \cdot 7H_2O$	Fe　20.1
	一水硫酸亚铁	$FeSO_4 \cdot H_2O$	Fe　32.9
	碳酸亚铁	$FeCO_3 \cdot 7H_2O$	Fe　41.7
铜	五水硫酸铜	$CuSO_4 \cdot 5H_2O$	Cu　25.5
	一水硫酸铜	$CuSO_4 \cdot H_2O$	Cu　35.8
	碳酸铜	$CuCO_3$	Cu　51.4
锰	五水硫酸锰	$MnSO_4 \cdot 5H_2O$	Mn　22.8
	一水硫酸锰	$MnSO_4 \cdot H_2O$	Mn　32.5
	氧化锰	MnO	Mn　77.4
	碳酸锰	$MnCO_3$	Mn　47.8
锌	七水硫酸锌	$ZnSO_4 \cdot 7H_2O$	Zn　22.75
	一水硫酸锌	$ZnSO_4 \cdot H_2O$	Zn　36.45
	氧化锌	ZnO	Zn　80.3
	碳酸锌	$ZnCO_3$	Zn　52.15
硒	亚硒酸钠	Na_2SeO_3	Se　45.6
	硒酸钠	Na_2SeO_4	Se　41.77
碘	碘化钾	KI	I　76.45
	碘化钙	$Ca(IO_3)_2$	I　65.1

维生素制剂种类很多,同一制剂其组成及物理特性也不一样,维生素有效含量也就不一样。因此,在配制维生素预混料

时,应了解所用维生素制剂的规格。

鸭对维生素的需要量受多种因素的影响,环境条件、饲料加工工艺、贮存时间、饲料组成、动物生产水平和与健康状况等因素都会增加维生素的需要量,因此,维生素的实际添加量远高于饲养标准中列出的最低需要量。

一些富含维生素的青绿饲料、青干草粉等虽不属于维生素饲料,但在生产实际中被用作鸭维生素的来源,尤其是放牧饲养的鸭群,这不仅符合鸭的采食习性,节约了精饲料,而且也减少了维生素添加剂的用量,从而降低了生产成本。

6. 饲料添加剂

添加剂是指那些在常用饲料之外,为某种特殊目的而加入配合饲料中的少量或微量物质。这里所述饲料添加剂,实际上是指全部非营养性添加物质。

(1)促进生长与保健添加剂:促进生长与保健添加剂指用于刺激动物生长、提高增重速率、改善饲料利用率、驱虫保健、增进动物健康的一类非营养性添加剂。它包括抗生素、抗菌药物、驱虫药物等。

①抗生素类:抗生素是一些特定微生物在生长过程中的代谢产物。除用作防治疾病外,也可作为生长促进剂使用,特别是在卫生条件和管理条件不良情况下,效果更好。在育雏阶段或处于逆境如高密度饲养时,加入低剂量,可提高鸭的生产水平,改善饲料报酬,促进健康,常用的有土霉素、金霉素、杆菌肽锌、多黏菌素、恩拉霉素、泰乐菌素、维吉尼霉素、北里霉素等。

②合成类抗菌药物及驱虫保健药物:磺胺类加磺胺噻唑

(ST)、磺胺嘧啶(SD)、磺胺脒(SG)等,用于疾病治疗和保健;驱虫保健剂有越霉素 A、氨丙啉、氯苯胍、莫能霉素钠、盐霉素钠、克球粉等;一些抗菌促生长药物如喹乙醇、砷制剂等。日粮中添加这类药物应经常更换药物种类,否则会产生抗药性,使用药量越来越大。

(2)饲料品质改善添加剂

①抗氧化剂:用以防止饲料中脂肪氧化变质,保存维生素的活性。常用的抗氧化剂有乙氧基喹啉(又称乙氧喹、山道喹)、BHA(丁羟基茴香醚)、BHT(二丁基羟基甲苯)、一般在配合饲料中的添加量为 150g/t。

②防霉剂:在高温高湿季节,饲料容易霉变,这不仅影响适口性,降低饲料的营养价值,还会引起动物中毒,因此在贮存的饲料中应添加防霉剂。目前常用的防霉剂有丙酸和丙酸钙。

(3)其他添加剂:有着色剂、调味剂等。在饲料中添加香甜调味剂,有增加鸭采食量和提高饲料利用率的功效,常用的调味剂有糖精、谷氨酸钠(味精)、乳酸乙酯、柠檬酸等。在饲料中添加着色剂能提高鸭产品的商品价值,如在饲料中添加叶黄素和胡萝卜素,可使鸭和蛋黄色泽鲜艳。添加量为每吨饲料 10～20g。

添加剂种类很多,应根据鸭不同生长发育阶段、不同生产目的、饲料组成、饲养水平与饲养方式及环境条件,灵活选用。添加剂应与载体或稀释剂配合制成预混料再添加到饲粮中。

上面主要介绍了各种饲料原料的营养特性与注意事项,下面列出鸭常用饲料的主要营养成分、营养价值、维生素含量和矿物质含量(见表 3-5～表 3-7)。

表 3-5　常用饲料成分及营养价值

单位：%

饲料名称	干物质	代谢能(MJ/kg)	粗蛋白	粗脂肪	粗纤维	粗灰分	钙	总磷	有效磷	赖氨酸	蛋氨酸	胱氨酸	色氨酸	苏氨酸	精氨酸	苯丙氨酸	酪氨酸	甘氨酸
玉米	88.4	14.058	8.6	3.5	2.0	1.4	0.04	0.21	0.06	0.27	0.13	0.18	0.08	0.31	0.44	0.47	0.32	0.34
大麦	88.8	11.129	10.8	2.0	4.7	3.2	0.12	0.29	0.09	0.37	0.13	0.22	0.10	0.36	0.51	0.50	0.34	0.41
小麦	91.8	12.887	12.1	1.8	2.4	2.3	0.07	0.36	0.12	0.33	0.14	0.30	0.14	0.34	0.53	0.59	0.40	0.49
高粱	89.3	13.012	8.7	3.3	2.2	2.2	0.09	0.28	0.08	0.22	0.08	0.12	0.08	0.25	0.32	0.44	0.22	0.30
稻谷	90.6	10.669	8.3	1.5	8.5	4.8	0.07	0.28	0.08	0.31	0.10	0.12	0.09	0.28	0.61	0.36	0.32	0.36
糙大米	87.0	13.975	8.8	2.0	0.7	1.3	0.04	0.25	0.08	0.29	0.14	0.14	0.12	0.28	0.65	0.34	0.42	0.35
粟(谷子)	91.9	10.125	9.7	2.6	7.4	5.1	0.06	0.26	0.08	0.18	0.22	0.18	0.17	0.29	0.26	0.42	0.28	0.31
小米	86.8	14.058	8.9	2.7	1.3	1.4	0.05	0.32	0.10	0.15	0.26	0.21	0.20	0.34	0.32	0.59	0.29	0.34
燕麦	90.3	11.297	11.6	5.2	8.9	3.9	0.15	0.33	0.10	0.40	0.20	0.17	0.15	0.47	0.87	0.58	0.36	0.61
大豆	88.0	14.058	37.0	16.2	5.1	4.6	0.27	0.48	0.14	2.30	0.40	0.55	0.40	1.41	2.92	1.81	1.32	1.64
黑豆	88.0	13.138	36.1	14.5	6.7	4.3	0.24	0.48	0.14	2.18	0.37	0.55	0.43	1.49	2.75	1.93	1.31	1.58

续表

饲料名称	干物质	代谢能(MJ/kg)	粗蛋白	粗脂肪	粗纤维	粗灰分	钙	总磷	有效磷	赖氨酸	蛋氨酸	胱氨酸	色氨酸	苏氨酸	精氨酸	苯丙氨酸	酪氨酸	甘氨酸
豌豆	88.0	11.422	22.6	1.5	5.9	2.9	0.13	0.39	0.12	1.61	0.10	0.46	0.18	0.93	2.88	1.05	0.73	1.01
蚕豆	88.0	10.795	24.9	1.4	7.5	3.3	0.15	0.40	0.12	1.66	0.12	0.52	0.21	0.94	2.46	1.04	0.86	1.07
豆饼	90.6	11.046	43.0	5.4	5.7	5.9	0.32	0.50	0.15	2.45	0.48	0.60	0.60	1.74	3.18	2.01	1.44	1.86
豆粕	92.4	10.293	47.2	1.1	5.4	6.1	0.32	0.62	0.19	2.54	0.51	0.65	0.65	1.85	3.40	2.25	1.57	1.97
菜籽饼	92.2	8.452	36.4	7.8	10.7	8.0	0.73	0.95	0.29	1.23	0.01	0.61	0.45	1.52	1.87	1.55	0.95	1.70
棉仁饼	92.2	8.159	33.8	6.0	15.1	6.1	0.31	0.64	0.19	1.29	0.36	0.38	0.35	1.15	3.57	1.77	1.02	1.57
棉仁粕	91.0	7.950	41.4	0.9	12.9	6.4	0.36	1.02	0.31	1.39	0.41	0.46	0.50	1.29	3.75	1.98	1.18	1.7
芝麻饼	92.0	8.954	39.2	10.3	7.2	10.4	2.24	1.19	0.36	0.93	0.81	0.50	0.40	1.32	3.97	1.68	1.21	1.81
花生仁饼	90.0	12.259	43.2	6.6	5.3	5.1	0.25	0.52	0.16	1.35	0.39	0.63	0.30	1.23	5.16	2.2	1.60	2.45
米糠饼	90.7	9.372	15.2	7.3	8.9	10.0	0.12	1.49	0.45	0.63	0.23	0.22	0.17	0.56	1.10	0.65	0.45	0.83

续表

饲料名称	干物质	代谢能(MJ/kg)	粗蛋白	粗脂肪	粗纤维	粗灰分	钙	总磷	有效磷	赖氨酸	蛋氨酸	胱氨酸	色氨酸	苏氨酸	精氨酸	苯丙氨酸	酪氨酸	甘氨酸
葵花仁饼	93.8	6.945	28.7	8.6	19.8	4.6	0.41	0.81	0.21	1.13	0.46	0.70	0.53	1.22	2.40	1.77	0.78	1.07
小麦麸	88.6	6.569	14.4	3.7	9.2	5.1	0.18	0.78	0.23	0.47	0.15	0.33	0.23	0.45	0.95	0.48	0.37	0.75
米糠	90.2	10.920	12.1	15.5	9.2	10.1	0.14	1.04	0.31	0.56	0.25	0.20	0.16	0.46	0.95	0.55	0.38	0.78
甘薯粉	89.0	11.799	3.8	1.3	2.2	2.5	0.15	0.11	0.03	0.14	0.04	0.05	0.03	0.15	0.14	0.20	0.14	0.14
鱼粉（进口）	89.0	12.134	62.0	9.7	—	14.4	3.91	2.90	2.90	4.35	1.65	0.56	0.80	2.80	3.85	2.68	2.12	4.26
鱼粉（国产）	89.5	10.251	55.1	9.3	—	18.9	4.59	2.12	2.15	3.64	1.44	0.47	0.70	2.23	3.02	2.10	1.63	3.76
肉骨粉	94.0	11.380	53.4	9.9	—	28.0	9.20	4.70	4.70	2.60	0.67	0.33	0.26	1.94	3.34	1.70	1.41	6.90
蚕蛹（全脂）	91.0	14.267	53.9	22.3	—	2.9	0.25	0.58	0.58	3.66	2.21	0.53	1.25	2.41	2.86	2.27	3.44	2.28

续表

饲料名称	干物质	代谢能(MJ/kg)	粗蛋白	粗脂肪	粗纤维	粗灰分	钙	总磷	有效磷	赖氨酸	蛋氨酸	胱氨酸	色氨酸	苏氨酸	精氨酸	苯丙氨酸	酪氨酸	甘氨酸
蚕蛹(脱脂)	89.3	11.422	64.8	3.9	—	4.7	0.19	0.75	0.75	4.85	2.92	0.66	1.50	3.14	3.53	3.78	4.71	2.96
血粉	88.9	10.293	84.7	0.4	—	3.2	0.20	0.22	0.22	7.07	0.68	1.69	1.43	3.51	4.13	6.05	2.12	4.21
饲料酵母	91.9	9.163	41.3	1.6	—	16.9	2.20	2.92	—	2.32	1.73	0.78	0.44	2.12	1.86	1.42	1.40	1.85
苜蓿草粉	89.0	3.389	20.4	3.2	19.7	10.1	1.46	0.22	—	0.83	0.14	0.16	0.20	0.63	0.46	1.27	0.35	0.69
羽毛粉	85.0	8.452	78.0	2.5	1.5	3.0	0.30	0.77	—	1.42	0.42	3.75	0.50	3.58	5.25	3.58	3.17	—
骨粉	95.2	—	—	—	—	—	36.4	16.40	16.40	—	—	—	—	—	—	—	—	—
蛋壳粉	—	—	—	—	—	—	37.0	0.15	0.15	—	—	—	—	—	—	—	—	—
贝壳粉	—	—	—	—	—	—	33.4	0.14	0.14	—	—	—	—	—	—	—	—	—
石粉	—	—	—	—	—	—	35.0	—	—	—	—	—	—	—	—	—	—	—
植物油	99.5	36.819	—	99.4	—	—	—	—	—	—	—	—	—	—	—	—	—	—
动物油	99.5	32.217	—	99.4	—	—	—	—	—	—	—	—	—	—	—	—	—	—

表 3-6 常用饲料维生素的含量 单位:mg/kg

饲料名称	胡萝卜素	维生素E	维生素B_1	维生素B_6	泛酸	烟酸	吡哆醇	叶酸	胆碱	生物素	维生素B_{12}
玉米	4.8	25.6	4.7	1.3	5.8	26.6	8.37	0.23	624	0.07	—
大麦	—	6.9	5.7	2.2	7.3	64.5	3.25	0.56	1 157	0.22	—
小麦	—	17.4	5.5	1.3	13.6	63.6	—	0.45	933	0.11	—
高粱	—	13.5	4.4	1.3	12.8	48.0	4.61	0.27	762	0.20	—
稻谷	—	15.7	3.1	1.2	3.7	34.0	—	0.45	899	—	—
糙大米	—	10.0	2.9	1.0	8.1	34.0	4.40	0.40	957	0.80	—
小米	—	—	7.3	1.8	8.2	58.4	—	—	877	—	—
大豆	1.0	40.6	12.3	2.9	17.4	24.5	12.0	—	3 186	0.42	—
大豆饼	—	3.4	7.4	3.7	16.3	30.1	8.99	0.79	3 082	0.36	—
棉籽饼	—	16.4	7.1	5.5	15.3	43.2	6.99	2.51	3 162	0.11	—
菜籽饼	—	—	1.8	3.8	9.2	160.0	—	—	6 725	—	—
花生仁饼	—	3.3	7.9	12.0	57.6	184.9	10.87	0.39	2 174	0.42	—
芝麻饼	—	—	3.1	4.0	6.9	32.3	13.44	—	1 643	—	—
葵花仁饼	—	11.8	—	3.3	10.8	236.6	16.20	—	3 118	4.62	—

续表

饲料名称	胡萝卜素	维生素E	维生素B_1	维生素B_6	泛酸	烟酸	吡哆醇	叶酸	胆碱	生物素	维生素B_{12}
米糠	—	65.9	24.6	2.9	25.8	333.2	—	—	1 378	0.54	—
麦麸	—	12.1	8.9	3.5	32.6	235.1	11.24	2.02	1 110	—	—
啤酒糟	—	—	0.8	1.6	9.3	47.2	0.72	0.24	1 725	0.39	—
鱼粉（进门）	—	3.7	—	7.1	9.5	68.8	3.76	0.22	3 978	0.15	0.11
肉骨粉	—	1.1	1.2	4.7	3.9	50.9	2.66	0.05	2 329	—	0.11
血粉	—	—	—	1.6	1.2	34.6	—	—	832	—	—
羽毛粉	—	—	—	2.3	11.7	32.9	—	—	938	—	—
蚕蛹渣	—	900	13.5	72.0	—	—	—	—	—	1.04	0.45
饲用酵母	—	—	98.6	37.6	118.1	481.2	46.56	10.43	4 177	—	—
胡萝卜	522	37	3.9	4.8	—	121	—	—	5 200	6.4	—
马铃薯	—	—	—	—	0.2	1.5	11.0	—	—	11.0	—
甘薯	—	—	—	—	0.9	0.9	13.4	—	—	—	—
南瓜	1.1	—	0.1	0.2	—	6.0	—	—	—	—	—

表 3-7　常用饲料矿物质含量

饲料名称	钙（%）	磷（%）	镁（%）	钾（%）	钠（%）	氯（%）	硫（%）	铁（%）	铜（mg/kg）	钴（mg/kg）	锌（mg/kg）	锰（mg/kg）
玉米	0.04	0.21	0.11	0.39	0.01	—	—	0.01	3.6	—	24.0	7.0
大米	0.12	0.29	0.11	0.60	0.15	0.25	—	0.01	6.4	—	33.0	18.0
小麦	0.07	0.36	0.13	—	—	—	—	—	6.7	—	27.0	51.0
高粱	0.09	0.28	0.12	—	—	—	—	0.01	5.2	—	22.0	16.0
稻谷	0.07	0.28	0.07	0.98	0.05	0.07	0.05	—	3.7	—	14.0	21.0
糙大米	0.04	0.25	0.09	—	—	—	—	0.01	3.3	—	10.0	17.6
小米	0.05	0.32	0.18	0.48	0.02	0.16	0.04	0.01	—	—	15.0	30.0
大豆	0.27	0.48	0.34	1.54	0.03	0.03	0.23	0.01	16.6	—	45.0	27.0
大豆饼	0.32	0.50	0.33	2.33	0.02	0.03	0.93	0.09	21.1	0.53	69.0	39.0
棉籽饼	0.31	0.64	—	—	—	—	—	—	24.2	—	63.0	23.0
菜籽饼	0.36	0.95	0.52	1.26	0.01	—	—	0.02	11.4	—	81.0	60.0
花生仁饼	0.25	0.52	0.28	—	—	—	—	0.12	17.6	—	79.0	47.0
芝麻饼	2.24	1.19	0.68	1.17	0.03	—	—	0.16	68.8	—	154.0	78.0
葵花仁饼	0.41	0.81	—	—	—	—	—	—	—	—	112	26
米糠	0.14	1.04	—	—	—	—	—	—	15.1	—	35	209
麦麸	0.18	0.18	0.39	0.99	0.22	—	—	0.02	13.0	—	141	145
甘薯	0.03	0.04	0.05	0.38	0.02	0.02	—	0.002	—	—	—	—

续表

饲料名称	钙 (%)	磷 (%)	镁 (%)	钾 (%)	钠 (%)	氯 (%)	硫 (%)	铁 (%)	铜 (mg/kg)	钴 (mg/kg)	锌 (mg/kg)	锰 (mg/kg)
鱼粉（进口）	3.91	2.90	0.25	—	—	—	—	0.02	5.4	—	54.0	12.0
肉骨粉	9.20	4.70	0.22	0.38	0.61	0.72	—	0.06	8.2	14.37	122.0	16.0
血粉	0.20	0.22	0.02	0.17	0.69	0.70	0.42	0.22	15.4	0.08	30.0	10.0
羽毛粉	0.30	0.77	0.04	0.52	—	0.35	—	0.06	10.9	—	183	10
蚕蛹渣	0.24	0.88	—	1.15	0.03	—	—	—	—	—	—	—
牡蛎壳	38.10	0.07	0.30	0.10	0.21	0.01	—	0.29	—	—	—	134
骨粉	36.40	16.40	0.33	0.19	5.69	0.01	2.51	2.67	11.5	—	130	23
磷酸氢钙	24.32	18.97	—	0.09	—	—	—	—	—	—	—	—
磷酸钙	32.07	18.25	0.22	—	5.45	—	—	0.92	—	—	—	—
碳酸钙	36.74	0.04	0.50	—	0.02	0.04	0.09	—	—	—	—	—
硫酸亚铁	—	—	—	—	—	—	—	20.1	—	—	—	—
硫酸铜	—	—	—	—	—	—	—	—	25.5	—	—	—
硫酸钴	—	—	—	—	—	—	—	—	—	—	—	22.8
硫酸锌	—	—	—	—	—	—	—	—	—	—	22.7	—
食盐	0.03	—	0.13	—	39.20	60.61	—	—	—	—	—	—

注：硫酸铜、硫酸锰、硫酸锌中的矿物质含量是百分比，而不是每千克毫克数。

(三)鸭的饲养标准及日粮配合

1. 饲养标准

为了合理地饲养鸭,既要满足其营养需要,充分发挥它们的生产性能,又要降低饲料消耗,获得最大的经济效益,必须对不同品种、不同用途、不同日龄的鸭各种营养物质需要量,科学地规定一个标准,这个标准就是饲养标准。饲养标准是根据科学试验和生产实践经验的总结制定的,因此,具有普遍指导意义。但在生产实践中不应把营养标准看作是一成不变的规定。因为鸭的营养需要受品种、遗传基础、年龄、性别、生理状态、生产水平和环境条件等诸多因素的影响,所以在饲养实践中应把饲养标准作为指南来参考,因地制宜,灵活加以应用。

饲养标准种类很多,大致可分为两类。一类是国家规定和颁布的饲养标准,称为国家标准。如我国的饲养标准,美国NRC饲养标准,英国ARC饲养标准等。另一类是大型育种公司根据各自培育的优良品种或品系的特点,制定的符合该品种或品系营养需要的饲养标准,称为专用标准。从国外引进品种时应包括这方面资料。

鸭的饲养标准中主要包括能量、蛋白质、必需氨基酸、矿物质和维生素等多项指标。每项营养指标都有其特殊的营养作用,缺少、不足或超量均可能对鸭产生不良影响。能量的需要量以代谢能表示;蛋白质的需要量用粗蛋白质表示,同时标出必需氨基酸的需要量,以便配合日粮时使氨基酸得到平衡。配合日粮时，能量、蛋白质和矿物质的需要量一般按饲养标准中的规定给出。维生素的需要量是按最低需要量制定的，也就是防止鸭发生临床缺乏症所需维生素的最低量。鸭在发挥最佳生产性能和遗传潜力时的维生素需要量要远高于最低需要量，一般称为“适宜需要量”或“最适需要量”。各种维生素的适宜需要量不尽一致，应根据动物种类、生产水平、饲养方式、饲料组成、环境条件及生产实践给出相应数值。实际应用时，考虑到动物个体与饲料原料差异及加工贮存过程中的损失，维生素的添加量往往在适宜需要量的基础上再加上一个保险系为 9(安全系数)，以确保鸭获得定额的维生素并在体内有足够贮存，这一添加量一般就叫“供给量”。

下面列出部分鸭的饲养标准(表 3-8～表 3-13)。

表 3-8 北京鸭营养物质需要量(每千克饲料中的含量)

营养物成分	0～2 周龄	3～7 周龄	种用
代谢能(MJ/kg)	12.13	12.13	12.13
蛋白质与氨基酸			
粗蛋白质(%)	22	16	15
精氨酸(%)	1.1	1.0	
异亮基酸(%)	0.63	0.46	0.38
亮氨酸(%)	1.26	0.91	0.76
赖氨酸(%)	0.90	0.65	0.60
蛋氨酸(%)	0.40	0.30	0.27

续表

营养物成分	0～2 周龄	3～7 周龄	种用
蛋氨酸＋胱氨酸(%)	0.70	0.55	0.50
色氨酸(%)	0.23	0.17	0.14
缬氨酸(%)	0.78	0.56	0.47
常量矿物元素			
钙(%)	0.65	0.60	2.75
氯(%)	0.12	0.12	0.12
镁(%)	500	500	500
非植酸磷(%)	0.40	0.35	0.35
钠(%)	0.15	0.15	0.15
微量矿物元素			
锰(mg)	50	?	?
硒(mg)	0.2	?	?
锌(mg)	60	?	?
脂溶性维生素			
维生素 A(IU)	2 500	2 500	4 000
维生素 D_3(IU)	400	400	90
维生素 E(IU)	10	10	10
维生素 K(mg)	0.5	0.5	0.5
水溶性维生素			
烟酸(mg)	55	55	55

续表

营养物成分	0～2周龄	3～7周龄	种用
泛酸(mg)	11.0	11.0	11.0
维生素 B_6(mg)	2.5	2.5	3.0
维生素 B_2(mg)	4.0	4.0	4.0

注：1. 表中未列营养及未给出数值者，请参考鸡营养需要标准使用。

2. 典型日粮浓度，以12.13MJ校正代谢能/kg表示。

3. ？表明没有估测值。

表 3-9 樱桃谷鸭的饲养标准

项　　目	肉　鸭		种　鸭	
	雏鸭(出壳～2周龄)	生长鸭(3周～屠宰)	育成鸭(5～24周)	产蛋鸭(25周～屠宰)
代谢能(MJ/kg)	13.00	13.00	12.67	12.00
粗蛋白(%)	22.0	16.00	16.00	18.00
钙(%)	0.8～1.0	0.65～1.0	0.6～1.0	2.75～3.0
可利用磷(%)	0.55	0.52	0.35	0.46
蛋氨酸(%)	0.50	0.36	0.34	0.39
蛋氨酸＋胱氨酸(%)	0.82	0.63	0.57	0.66
赖氨酸(%)	1.23	0.89	0.73	0.96
色氨酸(%)	0.28	0.22	0.18	0.22
苏氨酸(%)	0.92	0.74	0.64	0.75
亮氨酸(%)	1.96	1.68	1.54	1.66
缬氨酸(%)	1.17	0.95	0.83	0.96

续表

项　　目	肉　　鸭		种　　鸭	
	雏鸭(出壳～2周龄)	生长鸭(3～屠宰)	育成鸭(5～24周)	产蛋鸭(25周～屠宰)
异亮氨酸(%)	1.11	0.87	0.72	0.86
苯丙氨酸(%)	1.12	0.91	0.79	0.9
精氨酸(%)	1.53	1.2	1.03	1.2
甘氨酸＋丝氨酸(%)	2.4	1.9	1.68	2.0
代谢能(MJ/kg)	12.33	12.33	10.87	10.87
粗蛋白(%)	12～21	16.5～17.5	14.5	15.5

表 3-10　鸭的饲养标准

营养成分	肉用鸭			蛋用鸭		
	0～3周	3周以上	种鸭	雏鸭	育成鸭	产蛋期
代谢能(MJ/kg)	12.134	12.552	11.385	11.715	10.880	11.715
粗蛋白质(%)	20	18	17	20	15	18
钙(%)	1.0	1.0	2.25	1.0	0.6	3.25
磷(%)	0.6	0.5	0.5	0.6	0.6	0.6
食盐(%)	0.3	0.3	0.3	0.3	0.3	0.3
蛋氨酸(%)	0.3	0.25	0.29	0.3	0.3	0.3
蛋氨酸＋胱氨酸(%)	0.6	0.53	0.55	0.5	0.5	0.7
赖氨酸(%)	1.1	0.95	0.85	0.7	0.7	0.9
色氨酸(%)	0.27	0.26	0.24	0.24	0.24	0.26

续表

营养成分	肉用鸭			蛋用鸭		
	0～3 周	3 周以上	种鸭	雏鸭	育成鸭	产蛋期
维生素每千克添加量						
维生素 A(IU)	4 000	4 000	4 000	4 000	4 000	5 400
维生素 D(IU)	220	220	500	220	220	500
维生素 E(mg)	6	6	8	6	6	8
维生素 B_2(mg)	4	4	4.5	4	2	4
泛酸(mg)	11	11	7	11	11	10
烟酸(mg)	55	55	40	55	50	40
维生素 B_6	2.6	2.6	3.0	2.6	2.6	3.0

表 3-11　番鸭的饲养标准

营养成分	肉　用			产蛋种用	
	0～3 周	4～7 周	8 周后	10～24 周	24 周后
代谢能(MJ/kg)	11 715	11 715	11 715	11 296	11 296
粗蛋白质(%)	19	16	14	15	17
蛋氨酸+胱氨酸(%)	0.75	0.63	0.46	0.6	0.67
赖氨酸(%)	0.9	0.73	0.51	0.7	0.75
钙(%)	0.9	0.8	0.7	0.8	2.5
磷(%)	0.65	0.65	0.65	0.65	0.7
食盐(%)	0.28	0.28	0.28	0.28	0.28
锌(mg/kg)	40	20	—	20	40

续表

营养成分	肉用			产蛋种用	
	0～3周	4～7周	8周后	10～24周	24周后
铜(mg/kg)	2	2	—	—	2
铁(mg/kg)	15	15	—	15	15
锰(mg/kg)	60	60	—	60	60
碘(mg/kg)	1	1	—	1	1
钴(mg/kg)	0.2	0.2	—	0.1	0.2
维生素A(IU/kg)	8 000	8 000	4 000	4 000	8 000
维生素D_3(IU/kg)	1 000	1 000	500	500	1 000
维生素E(mg/kg)	20	15	—	15	20
维生素K(mg/kg)	4	4	—	1	4
维生素B_1(mg/kg)	1	1	—	1	1
维生素B_2(mg/kg)	4	4	2	2	4
泛酸(mg/kg)	5	5		5	5
叶酸(mg/kg)	0.2	—	—	0.2	0.2
维生素B_{12}(mg/kg)	0.003	0.001	—	—	0.001

(1)北京鸭、樱桃谷鸭的饲养标准:北京鸭、樱桃谷鸭饲养标准分别见表3-8、表3-9。

(2)肉用鸭、蛋用鸭及番鸭的饲养标准:肉用鸭及蛋用鸭的营养需要量,见表3-10。番鸭的饲养标准,见表3-11。

(3)野鸭的营养需要:野鸭的营养需要见表3-12、表3-13。

表 3-12 野鸭的营养需要

项 目	育雏期		育成期			产蛋期		肉仔野鸭	
	0～10日龄	11～30日龄	31～70日龄	71～112日龄	113～147日龄	盛产期	中产期	0～30日龄	31～71日龄
代谢能(MJ/kg)	12.54	12.12	11.50	10.45	11.29	11.50	11.29	12.54	11.91
粗蛋白质(%)	21	19	16	14	15	18	17	21	18
粗纤维(%)	3	4	6	10～12	8～10	5	5	3	4
钙(%)	0.9	1.0	1.0	1.0	1.0	3.2	3.2	0.9	0.9
磷(%)	0.5	0.5	0.6	0.6	0.6	0.7	0.7	0.5	0.5

表 3-13 绿头野鸭营养需要

项 目	0～2周龄	3～5周龄	6～10周龄	种 鸭	
				青年鸭/休产期	产蛋期
代谢能(MJ/kg)	12.56	11.72	11.30	11.09	11.51
粗蛋白质(%)	22	20	15.5	14	17～19
粗纤维(%)	3	4	4	4	4
钙(%)	0.9	1	1	1.2	2.5～3.0
有效磷(%)	0.4～0.7	0.35～0.6	0.35～0.6	0.35～0.6	0.35～0.65
赖氨酸(%)	1.2	1.1	0.7	0.8	1.1
蛋氨酸(%)	0.5	0.4	0.4	0.4	0.5

续表

项　目	0～2 周龄	3～5 周龄	6～10 周龄	种　鸭	
				青年鸭/休产期	产蛋期
蛋氨酸＋胱氨酸(%)	0.8	0.6	0.6	0.6	0.55
食盐(%)	0.35	0.35	0.35	0.35	0.35

2. 日粮配合

所谓日粮，是指满足 1 只鸭 1 昼夜所需各种营养物质而采食的各种饲料总量。生产上很少为 1 只鸭单独配制日粮，而是把日粮中各种原料组分换算成百分含量，并按这一百分比配制成能满足一定生产水平群饲鸭营养需要的大量混合饲料，称为饲粮。依据营养需要量所确定的饲粮中各饲料原料组分的百分比构成，就称为饲料配方。按照饲料配方的要求，选择不同数量的若干种饲料互相搭配，使其所提供的各种养分都符合鸭饲养标准所规定的数量，这个设计步骤，称为日粮配合。

合理地设计饲料配方是科学饲养鸭的一个重要环节。设计饲料配方时既要考虑鸭的营养需要及生理特点，又要合理地利用各种饲料资源，才能设计出最低成本，并能获得最佳的饲养效果和经济效益的饲料配方。设计饲料配方是项技术性及实践性很强的工作，不仅应具有一定的营养和饲料科学方面的知识，还应有一定的饲养实践经验。实践证明，根据饲养标准所规定的营养物质供给量饲喂鸭，将有利于提高饲料的利用效果和畜牧生产的经济效益。但在生产实践中设计饲料配方时，应根据所饲养鸭品种、生长期、生产性能、环境温度、疫病应激以及所用饲料的价格、实际营养成分、营养价值等特定条件，对饲养标准所列数据作相应变动，以设计出全价、能充分满足鸭营养需要的配方。

(1)日粮配合的原则：在配合日粮时必须遵循以下原则

①符合鸭的营养需要：设计饲料配方时，应首先明确饲养对象，选用适当的饲养标准。在此基础上，可根据饲养实践中鸭的生长或生产性能等情况做适当的调整。

②符合鸭的消化生理特点：配合日粮时，饲料原料的选择既要满足鸭需求，又要与鸭的消化生理特点相适应，包括饲料的适口性、容重、粗纤维含量等。

③符合饲料卫生质量标准：按照设计的饲料配方配制的配合饲料要符合国家饲料卫生质量标准，这就要求在选用饲料原料时，应控制一些有毒物质、细菌总数、真菌总数、重金属盐等不能超标。

④符合经济原则：应因地制宜，充分利用当地饲料资源，饲料原料应多样化，并要考虑饲料价格，力求降低配合饲料的生产成本，提高经济效益。

(2)配合日粮时必须掌握的参数

①相应的营养需要量(饲养标准)；

②所用饲料的营养价值含量(饲料成分及营养价值表)；

③饲用原料的价格。

另外，对各种饲料在不同动物配合饲料中的大致配比应有所了解。表 3-14 列出鸭常用饲料的大致配比范围。

表 3-14　常用饲料的大致配比范围

饲　料	禽(%)			
	育雏期	育成期	产蛋期	肉仔禽
谷实类	65	60	60	50～70
玉米	35～65	35～60	35～60	50～70
高粱	5～10	15～20	5～10	5～10
小麦	5～10	5～10	5～10	10～20
大麦	5～10	10～20	10～20	1～5
碎米	10～20	10～20	10～20	10～30
植物蛋白类	25	15	20	35
大豆饼	10～25	10～15	10～25	20～35
花生饼	2～4	2～6	5～10	2～4
棉(菜)籽饼	3～6	4～8	3～6	2～4
芝麻饼	4～8	4～8	3～6	4～8
动物蛋白类	10 以下(珍禽 10 左右)			
糠麸类	5 以下	10～30	5 以下	10～20
粗饲料	优质苜蓿粉 5 左右			
青绿青贮类	青绿饲料按日采食量的 10～30			
矿物质类	1.5～2.5	1～2	6～9	1～2

(3)鸭饲料配方特点:各品种鸭的营养需要基本相同,与鸡比较亦相差不大,尤其是引进品种如康贝尔鸭、狄高鸭等,需要供给较高的营养。设计饲料配方时可参考鸡的配方程序;或直

接选用鸡的饲料配方，同样可获得良好的饲养成绩。鸭的配方原料选择面可比鸡宽一些，如次级的咸、淡鱼粉，各种蛋白粉、糠麸等农副产品均可用以喂鸭。

我国地方品种鸭较耐粗饲，生长阶段以放牧采食水生动物为主；而产蛋鸭以放牧与补饲相结合。用于填饲育肥的品种如北京鸭，在肥大育期则以玉米为主，配给少量的蛋白质饲料和维生素添加剂等。

(4)日粮配合的方法：日粮配合的方法很多，有手算法和电算法。

电算法即利用电脑来设计出全价、低成本的饲料配方，这方面的软件开发很快，技术已很成熟，能在视窗 95 或 98 界面下运行，有关人员只要掌握基本的电脑知识即可操作。但电脑代替不了人脑，利用电脑配方必须首先掌握动物营养与饲料科学知识，这样才能在电脑配方设计过程中，根据具体情况及时调整一些参数，使配方更科学、更完美。

手算法有试差法、联立方程法和十字交叉法等。其中试差法是目前较普遍采用的方法，又称为凑数法。这种方法的具体做法是：首先根据饲养标准的规定初步拟出各种饲普原料的大致比例，然后用各自的比例去乘该原料所含的各种营养成分的百分含量，再将各种原料的同种营养成分之积相加，即得到该配方的每种营养成分的总量。将所得结果与饲养标准进行对照，若有任一种营养成分超过或者不足时，可通过增加或减少相应的原料比例进行调整和重新计算，直至所有的营养指标都基本满足要求为止。

计算步骤如下：

①查阅饲养标准，确定使用的原料并查出各种营养成分的含量，列表计算（表 3-15）。

表 3-15　各种饲料营养成分

种　类	代谢能（MJ/kg）	粗蛋白质（%）	钙（%）	磷（%）
稻　谷	10.969	7.8	0.05	0.26
玉　米	13.356	9.0	0.03	0.28
小　麦	12.142	12.6	0.06	0.32
麦　麸	8.667	16.0	0.34	1.05
花生饼	10.132	47.4	0.22	0.61
鱼　粉	8.583	60.8	6.78	3.59
贝壳粉			46.46	

②确定限制饲料的比例：鱼粉价格较高，不能超过 7%；高粱含有单宁，不能超过 10%；草叶粉适口性差且粗纤维含量高，不要超过 8%。

③按代谢能和粗蛋白质的需求量试配，用含代谢能及含粗蛋白质高的玉米和饼类来平衡这两类指标，最后用矿物质饲料平衡钙、磷水平。如有条件，可用氨基酸、微量元素和维生素等补充物（表 3-16）。

④各种营养物质分别相加后与要求（或饲养标准）相比较，再加以调整。通过上表的计算得知，与要求相比，代谢能少 0.240MJ/kg，粗蛋白质多 0.16%，因此应提高玉米的比例，相应降低其他饲料的比例。

经调整后的日粮、能量和蛋白质的含量与要求基本符合，见表 3-17。

表 3-16　试配日粮组成

饲　料	组成比例(%)	代谢能(MJ/kg)	粗蛋白质(%)	钙(%)	磷(%)
玉　米	30	4.006	9.0×0.3=2.70	0.03×0.30=0.009	0.28×0.30=0.084
稻　谷	20	2.193	7.8×0.20=1.56	0.05×0.20=0.01	0.26×0.20=0.052
小　麦	20	2.428	12.6×0.20=2.52	0.06×0.2=0.012	0.32×0.20=0.064
麦　麸	10	0.866	16.0×0.10=1.60	0.34×0.10=0.034	1.05×0.10=0.105
花生饼	10	1.013	47.4×0.10=4.74	0.22×0.10=0.022	0.61×0.10=0.061
鱼　粉	5	0.557 4	60.8×0.05=3.04	6.78×0.05=0.339	3.59×0.05=0.180
贝壳粉	5			46.46×0.05=2.323	
合　计	100	11.064	16.16	2.749	0.547
要　求	100	11.304	16	钙磷比例 5∶1	
相　差	0	−0.240	+0.16		

表 3-17　调整后的日粮组成

饲　料	组成比例（%）	代谢能（MJ/kg）	粗蛋白质（%）	钙（%）	磷（%）
玉　米	35	4.675	9.0×0.35=3.15	0.03×0.35=0.011	0.28×0.35=0.098
稻　谷	19	2.084	7.8×0.19=1.404	0.05×0.19=0.01	0.26×0.19=0.049
小　麦	22	2.671	12.6×0.22=2.772	0.06×0.22=0.013	0.32×0.22=0.070
麦　麸	5	0.433	16.0×0.05=0.8	0.34×0.05=0.017	1.05×0.05=0.053 5
花生饼	9	0.912	47.4×0.09=4.266	0.22×0.09=0.02	0.61×0.09=0.055
鱼　粉	5	0.013	60.8×0.05=3.04	6.78×0.05=0.339	3.59×0.05=0.180
贝壳粉	5			46.46×0.05=2.323	
合　计	100	11.330	15.43	2.733	0.502
要　求	100	11.304	16.00	钙磷比例 5∶1	
相　差	0	+0.026	−0.56	钙磷比例实际为 5.4∶1	

3. 蛋鸭、肉鸭及野鸭的几个饲料配方

见表 3-18～表 3-27，供参考。

表 3-18 鸭饲料配方（%）

原　料	雏鸭		中鸭		填鸭		自然育肥	
	1	2	1	2	1	2	1	2
玉　米	49.7	49.7	46.6	46.6	53.6	64.6	65.6	67.6
高　粱	10	10	10	10	12	10	0	0
豆　饼	10	10	8	8	8	4	5	7
糠麸类	18	14	25	21	25	20	24	20
鱼　粉	9	9	7	7	0	0	2	0
骨贝粉	2	2	2	2	0	0	0	0
沙　粒	1	1	1	1	1	1	1	1
食　盐	0.3	0.3	0.4	0.4	0.4	0.4	0.4	0.4
豆科草粉	0	4	0	4	0	0	0	0
合　计	100	100	100	100	100	100	100	100

（1）3～4 天加水草 20%，5～14 天加水草 30%，15～25 天加水草 40%，26～50 天加水草 50%～100%；

（2）填鸭期不喂青饲料；

（3）中产期产蛋率 50%，加 50%～100%的切碎水草。

表 3-19　鸭的日粮配方(%)

饲　料	0～3周			3～8周或3～6周			6～8周（填鸭）	8周～开产前	种鸭、蛋鸭		
	1	2	3	4	5	6	7	8	9	10	11
玉　米	64.0	64.0	60.4	64.6	66.5	65.1	76.4	46.8	58.6	61.2	61.1
大豆粕	13.6	21.5	27.2	11.0	15.0	20.5	8.0	6.3	16.5	22.5	27.8
稻　糠	6.0	5.0	5.0	9.0	7.0	6.0	7.0	20.0	6.0	3.0	2.0
麦　麸	6.0	4.0	5.0	8.0	6.0	6.0	6.0	20.0	6.0	3.0	1.5
干草粉	—	—	—	—	—	—	—	5.0	—	—	—
进口鱼粉	5.0	—	—	2.0	—	—	—	—	4.0	—	—
羽毛粉	3.0	3.0	—	3.0	3.0	—	1.0	—	2.0	2.7	—
骨　粉	1.0	1.0	1.0	1.0	1.0	1.2	0.6	0.5	0.5	0.6	1.0
石灰石	1.0	1.0	1.0	1.0	1.0	0.8	0.6	6.0	6.0	6.5	6.1
食　盐	0.3	0.4	0.4	0.3	0.4	0.3	0.3	0.3	0.3	0.4	0.4
微量元素	0.1	0.1	0.1	0.1	0.1	0.1	0.1	0.1	0.1	0.1	0.1

续表

饲料	0～3周			3～8周或3～6周			6～8周（填鸭）	8周～开产前	种鸭、蛋鸭		
	1	2	3	4	5	6	7	8	9	10	11
营养水平											
代谢能（MJ/kg）	—	—	12.28	12.42	12.44	12.47	12.89	11.42	11.77	11.73	11.79
粗蛋白质（%）	—	—	18.5	16.1	16.2	16.0	12.15	12.0	18.0	18.1	18.0
钙（%）	1.0	0.84	0.83	0.89	0.82	0.82	0.54	0.39	2.74	2.74	2.74
磷（%）	0.67	0.58	0.61	0.62	0.57	0.60	0.46	0.61	0.58	0.50	0.55
赖氨酸（%）	0.87	0.84	0.96	0.67	0.67	0.78	0.45	0.48	0.88	0.84	0.94
蛋氨酸＋胱氨酸（%）	0.66	0.62	0.56	0.56	0.55	0.49	0.40	0.34	0.62	0.60	0.55

注:维生素另加。

表 3-20　北京鸭饲料配方(%)

原料种类	雏鸭(1～25日)	中雏期(26～50日)	填鸭(51～60日)	种鸭			
				初产期产蛋率50%	中产期产蛋率50%	盛产期产蛋率70%	停产
玉　米	38	30	40	44	42	42	44
高　粱	10	0	15	10	10	16	10
麦　麸	15	35	10	20	13.5	8.0	33
大　麦	0	15.6	23.5	0	0	0	0
豆　饼	25	11	7	18	22	25	10
鱼　粉	7	4	0	5	6	8	0
贝壳粉	2.6	2	4	1	4	4	1
骨　粉	2	2	0	1.5	2	2.5	1.5
食　盐	0.4	0.4	0.5	0.5	0.5	0.5	0.5

表 3-21　北京鸭填鸭饲料配方(%)

饲　料		配方 1	配方 2	配方 3	配方 4	配方 5	配方 6
黄玉米		49.4	51	55	52.5	45	55
高　粱		5	—	5	—	7	5
大麦渣		—	—	—	10	5	—
小麦渣		—	10	—	—	—	15
麸　皮		7	12	8	5	8	10
米　糠		—	—	10	—	8	—
豆　饼		10	12	10	12	11	9
鱼　粉		5	2	5	3	3	5
骨　粉		1.6	2.0	1.5	1.5	1.5	0.6
蛎　粉		1.0	0.5	0.5	1.0	1.0	—
食　盐		1.0	0.5	—	—	0.5	0.4
面　粉		10.0	10.0	5.0	—	—	—
土　面		10.0	—	—	15.0	10.0	—
营养水平	粗蛋白质(%)	15.08	14.66	15.17	14.49	14.38	15.24
	代谢能(MJ/kg)	12.015	11.504	11.542	11.9147	11.337	12.165 8

表 3-22　蛋鸭的饲料配方(%)

饲料	0～2 周龄		3～8 周龄		9～20 周龄		产蛋鸭		
	配方 1	配方 2	配方 1	配方 2	配方 1	配方 2	配方 1	配方 2	配方 3
玉　米	36.0	36.6	40.0	40.0	37	37	57.5	55	43
大　麦	19.0	—	18.3	—	11	—	—	—	次数 22
稻　谷	—	13.1	—	11.7	—	4.5	—	—	—
粗　米	7.0	12.0	6.0	11.3	10	12.5	—	—	—
豆　饼	17.3	7.0	10.3	—	6.5	—	8.3	16.7	15
花生饼	—	11.8	—	11.3	—	6.5	5.0	—	—
棉籽饼	—	—	4.0	4.0	3.0	3.5	5.0	—	3
菜籽饼	4.5	4.6	4.2	4.5	5.0	4.0	4.0	5	4
米　糠	3.5	3.0	4.9	5.4	11.7	14.7	—	—	—
麸　皮	6.0	5.0	6.7	6.1	13.4	14.9	7.0	10	—
鱼　粉	5.0	5.0	4.0	4.0	—	—	5.0	5	5

续表

饲料	0～2周龄		3～8周龄		9～20周龄		产蛋鸭		
	配方1	配方2	配方1	配方2	配方1	配方2	配方1	配方2	配方3
骨粉	0.95	—	1.2	—	0.9	0.8	1.5	1	1.5
碳酸氢钙	—	0.8	—	0.8	1.1	1.2	6.5	7	4.2
石粉	0.35	0.7	0.1	0.6	0.2	0.2	0.2	0.3	0.3
食盐	0.2	0.2	0.2	0.2	0.2	0.2	另加	另加	2
预混料	0.2	0.2	0.1	0.1					
代谢能(MJ/kg)	11.51	11.51	11.51	11.51	11.3	11.3	11.46	11.3	11.35
粗蛋白质(%)	20	20	18	18	15	15	17.8	18.4	19
钙(%)	0.91	0.92	0.81	0.80	0.81	0.81	3.30	3.14	2.74
磷(%)	0.46	0.46	0.46	0.45	0.46	0.54	0.50	0.64	0.5(AP)
赖氨酸(%)	0.92	0.62	0.78	0.69	0.56	—	—	1.29	0.87
蛋氨酸+胱氨酸(%)	0.73	0.70	0.60	0.60	0.50	0.50	—	0.57	0.63

表 3-23 肉鸭的饲料配方(%)

饲 料	雏鸭配方(0～21 天)	中鸭配方(22～45 天)	填鸭配方(46～60 天)
玉 米	54.3	54.0	75.2
麸 皮	10	18	8
豆 饼	22	18	10
鱼 粉	11	7	4
骨 粉	0.5	0.5	0.5
石 粉	2	2	2
食 盐	0.2	0.5	0.3
预混料	另加	另加	另加
代谢能(MJ/kg)	11.92	11.42	12.43
粗蛋白质(%)	21.5	18.3	13.6
钙(%)	0.93	1.36	1.17
磷(%)	0.78	0.71	0.55
赖氨酸(%)	1.21	0.99	0.65
蛋氨酸+胱氨酸(%)	0.74	0.66	0.52

表 3-24 大型肉用仔鸭饲粮配方(%)

饲粮成分	0～21 天			22 天～上市		
	配方 1	配方 2	配方 3	配方 1	配方 2	配方 3
玉 米	54.0	51.0	59.0	57.7	56.7	63.0
麦 麸	15.0	20.2	5.7	23.2	28.2	14.2
豆 饼	12.0	8.4	24.0	4.0	—	15.5
鱼 粉	13.0	—	10.0	—	—	5.0
菜籽饼	5.0	5.0	—	3.0	3.0	—

续表

饲粮成分	0～21天			22天～上市		
	配方1	配方2	配方3	配方1	配方2	配方3
蚕　蛹	—	8.3	—	10.0	3.0	—
骨　粉	0.7	1.8	0.5	1.8	1.8	—
肉　粉	—	5.0	—	—	7.0	—
贝壳粉	—	—	0.5	—	—	1.0
磷酸氢钙	—	—	—	—	—	1.0
食　盐	0.3	0.3	0.3	0.3	0.3	0.3

表3-25　野鸭饲粮配方(一)(%)

项　目	育雏期		育成期		种鸭	
	1	2	1	2	1	2
玉　米	40	35	35	40	40	54.5
麸　皮	10	13	13	15	15	5.6
大　麦	15	10	13	13	—	3.3
高　粱	5	5	15	12	—	—
豆　饼	15	20	10	8	30	20
鱼　粉	8	10	7	5	10	9.4
血　粉	—	—	—	—	—	1
菜籽饼	—	—	—	—	—	1.9
葵花籽饼	—	—	—	—	—	1
牡蛎粉	—	—	—	—	4	2.3

续表

项　目	育雏期		育成期		种鸭	
	1	2	1	2	1	2
骨　粉	4.7	4.7	4.7	4.7	1	—
矿物质添加剂	—	—	—	—	—	1
食　盐	0.3	0.3	0.3	0.3	—	—
沙　粒	2	2	2	2	—	—

表 3-26　野鸭饲粮配方(二)(%)

项　目	育雏期		育成期		种鸭	
	1	2	1	2	1	2
玉　米	62	63	58	58	59	59
麸　皮	7	10	20	21	6	7
豆　饼	19	17	9	10	17	15
鱼　粉	5	4	1	1	4	4
肉　粉	4.5	3	3	3	3	3
骨　粉	0.9	1.0	1.5	1.5	3.5	3.5
石　粉	0.5	0.9	0.5	0.5	5	5
蛋氨酸	0.16	0.16	0.1	0.1	0.15	0.15
食　盐	0.3	0.3	0.3	0.3	0.3	0.3
添加剂	0.64	0.64	0.6	0.64	0.64	0.64
膨润土	—	—	4	3.96	1.41	2.41
糠　麸	—	—	2	—	—	—

表 3-27 绿头野鸭实用饲粮配方(%)

品 种	育雏料	育成料	种用料
玉 米	61	45	47
豆 饼	14	6	7
麦 麸	2	16	15
干菜叶	6	10	10
米 糠	6	15	9
鱼 粉	2	1	2
酵母粉	2	2	2
骨 粉	1.5	1.6	1.5
钙 粉	2.3	2.4	5.2
食 盐	0.2	0.2	0.3
添加剂 A	0.5	0.4	0.5
添加剂 B	0.5	0.4	0.5
油 脂	2	—	—
能量(MJ/kg)	12.5	10.8	11.2
粗蛋白质(%)	18.0	14.2	16.0
钙(%)	0.94	1.1	3.2
磷(%)	0.51	0.58	0.72

(四)鸭饲料的加工与调制

1. 一般饲料的加工调制

(1)粉碎:饲料原料粉碎后的粗细要适中,粉碎太细,鸭采食不方便;粉碎太粗,营养成分不容易混匀。各种干叶和优质青干草都应粉碎得细些,以提高利用率。

(2)浸泡:就是将外皮坚实的谷粒,如稻谷、高粱、粟米和燕麦等,用水浸泡至膨胀、变软,然后捞起,以增加适口性,同时也有利于吞咽和消化。

(3)拌湿:根据鸭喜欢湿料的习性,可将配合好的混合粉料混入切碎的青饲料中,加水拌成干湿状喂给。

(4)蒸煮:鸭的饲料一般以生喂为好。因为饲料在加温过程中,既破坏饲料本身的消化酶和大部分维生素,又消耗了燃料和人力。但也有些饲料蒸煮后,可增加口味,增加食欲,而且容易消化,如甘薯和马铃薯。大豆中含有抗胰蛋白酶及其他抗营养因子,加温可使其失去作用,能提高大豆的利用率。

(5)切碎或打浆:青绿多汁饲料和块根块茎饲料,切碎、擦丝或打浆(大块动物性饲料,喂前也需切碎),与其他饲料混拌在一起喂鸭,能提高鸭的采食量和饲料利用率。

2. 全价配合饲料的加工

较大规模的家庭养鸭场采用全价配合饲料比较适宜,且以颗粒料为佳。配合饲料是指根据畜禽的营养需要,将多种不同的饲料,科学地按一定比例均匀混合的产品。配合饲料能满足不同生产目的、不同生产水平和不同发育阶段畜禽的营养需要,高度发挥畜禽生产潜力,提高饲料利用率,降低饲养成本,使畜牧生产者获得最佳经济效益。

鸭的全价配合饲料,可分为以下 5 个加工工序(见图 3-1),即原料的贮存和清理、粉碎、配料、混合、成品包装,全价饲料是颗粒状时还需经过制粒过程。生产配合饲料要求配比准确、混合均匀、严格管理、保证质量。

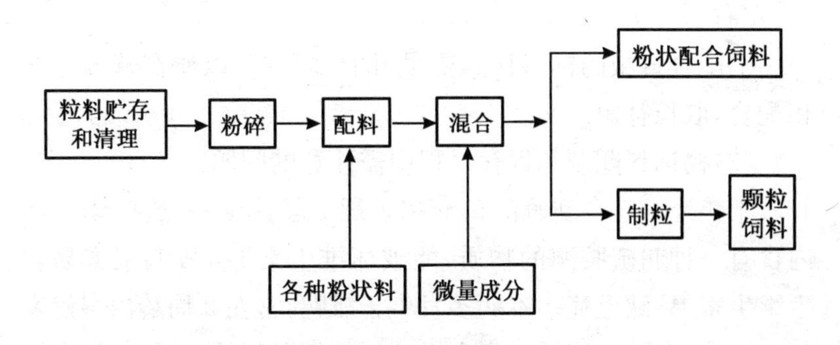

图 3-1　配合饲料的基本生产流程

(1)鸭饲料配制一般原则:

①要因地制宜选配饲料。尽量利用当地饲料资源,既要考虑营养价值,也要注意价格低廉,以降低成本。

②配合的日粮要与饲养标准接近,以免引起营养缺乏或过多。所有家禽都是“依能而食”,饲料的能量水平高时,采食量就少;饲料的能量水平低时,采食量就多。所以,鸭饲料中的蛋白质与能量比例要平衡,否则会使饲料消耗增加。

③注意日粮的品质和适口性，忌用霉变或含有有害物质的原料配制日粮。每次配制饲料量不宜过多，以 7～10 天内吃完为宜，保持饲料新鲜。

④各种饲料必须充分拌匀，特别是多种维生素、微量元素和药物等各种添加剂，否则会引起不良后果。

⑤日粮应有相对的稳定性，必须改变时，最好有 1 周的过渡期，在产蛋高峰期更应注意。

⑥日粮中粗纤维含量不能过高，一般不超过 5%，最好在 3%左右。

⑦配合日粮的饲料种类要尽可能多一些，以便在营养上互相配合，取长补短。

(2)鸭饲料配制和保存过程中需注意的问题：

①鸭经常吃食新鲜的鱼虾和小螺等软体动物，这些动物体内含有一种叫硫胺酶的物质，能破坏维生素 B_1，故鸭很容易发生维生素 B_1 缺乏症。本病多发生于雏鸭，常在 2 周龄内突然发病。因此，在鸭子能够吃到水生动物的情况下，要增加日粮中维生素 B_1 的含量，尤其在雏鸭料中。

②产蛋鸭中经常会发生维生素 D 缺乏症，这是日粮中维生素 D 供给不足或家禽接受日光照射不足造成的。患病水禽表现生长发育不良，羽毛蓬乱，无光泽，产蛋下降，产薄壳、软壳蛋，蛋壳易破碎。因此，经常需要在鸭饲料中额外添加鱼肝油或维生素 A、维生素 D_3、维生素 E 等。

③鸭子一般在凌晨产蛋，因此，必须使鸭在凌晨时保持较高的血钙浓度，否则会产出沙壳蛋、畸形蛋，甚至造成产蛋量下降。在配制产蛋鸭饲料时，既要有吸收快的钙源，又要有吸收缓慢的

表 3-28　肉鸭的营养需要及原料的营养成分

项目		代谢能(MJ/kg)	粗蛋白(%)	钙(%)	磷(%)	蛋氨酸(%)	蛋氨酸+胱氨酸(%)	赖氨酸(%)
肉鸭发育期营养需要		12.31	18.2	0.96	0.74	0.49	0.85	1.03
饲料营养含量	玉　米	14.06	8.6	0.04	0.21	0.13	0.31	0.27
	豆　饼	11.05	43	0.32	0.50	0.12	1.08	2.45
	菜籽饼	8.45	36.4	0.73	0.95	0.01	0.62	1.23
	鱼　粉	12.13	62	3.91	2.90	1.65	2.21	4.35
	麸　皮	6.57	14.4	0.18	0.78	0.15	0.48	0.47
	骨　粉			36.4	16.4			
	石　粉			35.0				

表 3-29 日粮配方及成分

项目	比例（%）	代谢能（MJ/kg）	粗蛋白（%）	钙（%）	磷（%）	蛋氨酸（%）	蛋氨酸＋胱氨酸（%）	赖氨酸（%）
玉　米	64	14.06	8.6	0.04	0.21	0.13	0.31	0.27
豆　饼	16	11.05	43	0.32	0.5	0.12	1.08	2.45
菜籽饼	3	8.45	36.4	0.73	0.95	0.01	0.62	1.23
鱼　粉	5	12.13	62	3.91	2.9	1.65	2.21	4.35
麸　皮	12	6.57	14.4	0.18	0.78	0.15	0.48	0.47
骨　粉				36.4	16.4			
石　粉				35				
合　计	100	12.41	18.304	0.316	0.482	0.203 2	0.557 91	0.875 6
与标准比较	—	＋0.1	＋0.204	－0.644	－0.259	－0.287	－0.29	－0.154

钙源，通常同时用石粉和贝壳粉作为钙源。

④饲料原料和配好的饲料要存放于通风、避光、干燥的地方，以免饲料中的脂肪氧化，维生素 A、维生素 E 遭到破坏。在饲料与地面之间置放一层防潮材料，以防饲料板结、霉变。霉变饲料易引起鸭中毒、拉痢等。另外，饲料库要注意防虫害和鼠害等。

★成功实例

某养殖户，46 岁，初中文化程度，以前在家种地，每年的收入较少，从 2002 年他开始饲养肉鸭，探索养鸭经验，寻求发展之路，取得了骄人成绩。饲料的使用是其养鸭收获利润中不可忽略的部分。目前其承包利用了 40 亩地，每年可以出栏肉鸭 40 000只，大约需要消耗饲料 160 吨，如果从饲料公司购买配合饲料则需要 33 万元左右，成本之大，所获利润相对较低。该养殖户根据当地的原料生产情况结合所养肉鸭品种的生理特征设计了符合自己养殖场的饲料配方（详细见表 3-28、表 3-29），大约每吨饲料可以节省 100 元，一年可以节省约 1.6 万元，提高了利润。

四、怎样做好鸭的饲养管理

(一)家庭养鸭饲养管理的基本要求

1. 要保证饲养的鸭品种来源正规

养鸭户应根据本地区的自然习惯、饲养条件、消费者要求，选择适合本地饲养的鸭品种或杂交鸭来进行饲养。选择外来品种首先要了解其产品特性、生产性能、饲养要求等，然后才能引进饲养。

2. 应提供适宜的饲养环境

鸭场要求交通方便、僻静和安全，位置选择时要符合防疫的要求，水源应无污染，场地附近无畜禽加工厂等污染源。鸭舍要求保持干燥、平缓、向阳，有一定的小坡度，以利排水。土壤要求透气性、透水性、吸湿性良好，能经常保持地面干燥和清洁卫生的质地疏松的土壤。

3. 当发生疫病时应做好防治措施

及时发现疫情，迅速隔离病鸭，并尽快确诊。病死鸭深埋或焚烧，粪便发酵处理，垫草焚烧或做堆肥。同时进行紧急疫苗接种，对病鸭进行合理地治疗。

4. 防止夏季中暑

夏秋时节，气候炎热高温，在一些舍饲养鸭地区的养殖场、户当中，经常发生鸭只中暑和热应激而导致鸭昏厥的现象。因此，为使炎热的夏秋时节饲养的肉鸭正常健康生长，应做好以下几点：

(1)调整饲料配方：由于鸭的采食量随环境温度的升高而下降，所以应配制夏秋季高温用的、不同生长阶段的肉鸭日粮，以保证鸭每日的营养摄取量。

(2)搞好环境控制：保持鸭舍清洁、干燥、通风。增加鸭舍打扫次数，缩短鸭粪在舍内的时间，防止高温下粪便带来的危害。饮水槽尽量放置在鸭舍四周，不要让鸭饮水时将水洒向四周，更不要让鸭在水槽中嬉水。

(3)减少饲养密度：适量减少舍饲数量和增加鸭舍中水、食槽的数量，可使鸭舍内因鸭数的减少而降低总热量，同时避免因食槽或水槽的不足造成争食、拥挤而导致个体产热量的上升。

(4)搞好鸭舍通风换气：加快鸭体散热，保证鸭舍四周敞开，使鸭舍内有空气对流作用，加大通风量。可采用通风设备加强通风，保证空气流动。夜间也应加强通风，使鸭在夜间能恢复体能，缓解白天酷暑抗应激的影响。避免干扰鸭群，使鸭的活动量降低到最低的限度，减少鸭体热的增加。

(5)做好日常消毒工作：鸭舍内定期消毒，防止鸭因有害微生物的侵袭而造成抵抗力的下降，防止苍蝇、蚊子孳生，使鸭免受虫害干扰，增强鸭群的抗应激能力。

5. 防止僵鸭的形成

僵鸭是指在雏鸭阶段，由于饲养管理不当，而出现生长发育停滞、体质瘦弱、拱背、脱毛、行动迟缓、精神不佳、会吃不长的鸭。出现僵鸭的主要原因是：

(1)保温不当：育雏温度太高或太低，造成雏鸭因受热、受冷而抵抗力降低，引起疾病，病后食欲不振，导致发育迟缓。

(2)管理不善：雏鸭阶段，尽管育雏温度很合适，但雏鸭仍喜欢堆挤在一起，如果管理不当或没有及时赶开，体弱的雏鸭往往会被压伤或死亡，因堆挤受热、受冷得病而成为僵鸭。

(3)饲料营养不足：雏鸭生长速度快，需要高能量、高蛋白的饲料及补充适量的矿物质、维生素，才能满足其生长的需要。如果营养不良，鸭的生长发育受阻，出现拱背、头大、身小、脱毛、行动迟缓等不良状态的僵鸭。

除上述原因外，如饲养管理不当，不合理的饲养密度也会造成僵鸭的产生。因此要加强管理，精心饲养，充分地发挥雏鸭的生长发育的特点。

(二)鸭的饲养方式

鸭的饲养方式多种多样，但应根据各地的饲养条件，因地制宜地选择合适的饲养方式，这是饲养鸭成功的关键之一。

1. 放牧饲养

放牧饲养适于小规模家庭饲养场，在这种饲养方式下，鸭群可以自由采食，充分地利用天然饲料，降低生产成本，同时可以增强体质，减少疾病的发生。放牧时，为了管理方便，一般以200～250 只一群，如果放牧地比较开阔，草源丰盛，可组成1 000只一群。放牧前要清点鸭的数量，收牧时也要清点鸭只的数量，防止走失。放牧饲养可以锻炼鸭适应自然环境和觅食能力，对农作物起到中耕、除草、除虫等作用。牧地应选在水草丰盛的地区，让鸭吃得好，吃得饱，如果牧地的水草或农作物难以满足鸭子的采食，则收牧回来后应进行补饲。鸭放牧时应注意：防止在施过农药或化肥的地点放牧，防止中毒；另外炎热的天气只能在傍晚或清晨放牧，防止鸭群中暑；在天气较凉或有风的天气减少鸭群下水的时间，防止受凉；在水中觅食时应逆水而行，便于鸭群采食。

2. 集约化饲养

对规模较大的家庭饲养场，可采用集约化饲养方式，这类方式主要有地面平养、网上平养和笼养几种类型，家庭养殖户可根据自己的规模和实际情况进行选择。

(1)地面平养：这种方式多采用开放式的鸭舍，舍内地面由 1/2 的水泥地面和 1/2 的漏缝地板组成，水泥地面以锯木屑或铡短的稻草作垫料，春夏季节雨水较多，每隔 2～3 天要更换一次垫料，以保持鸭舍的清洁、干燥，秋冬季节视卫生状况更换垫料。

平养的优点在于饲养管理方便,易于操作和观察。其缺点在于鸭与垫料接触,鸭胸部羽毛较脏,垫料易于潮湿,鸭群的均匀度难以控制。

(2)网上平养:鸭床由木条、竹条、金属搭建成的,网床离地面 60～70cm,木条宽 1.5～2cm,竹条直径 1.8～2cm,间距为 1.5～2cm,金属网的网孔直径为 1.5～2cm。为了防止网床损伤鸭子的脚趾及影响屠体品质,可使用塑料板条和增塑网。网上平养可以节省垫料,鸭群不与鸭粪接触,减少疾病的传播。但其饲养成本则高于地面平养,并且鸭群易患营养缺乏症,因此需喂全价的配合饲料。

(3)笼养:鸭的笼养目前并不多用,笼养比平养节约房舍,充分利用鸭舍的空间,增加单位面积的饲养数量,成活力较高,笼子的材料有木竹制和铁丝笼,其笼子的规格应根据鸭的饲养阶段和体型大小而定。一般笼设为 3 层,笼长 140cm,宽 80cm,高 45cm,上下笼间的间距为 15cm 左右,上下笼之间放置盛粪板,笼子的栅栏间距以 5cm 宽为宜。每笼可关养 0～21 日龄的雏鸭 15～20 只,22～42 日龄的鸭 8～10 只,43 日龄至屠宰上市的鸭 5～6 只。

(三)蛋鸭的饲养管理

1. 蛋用雏鸭的饲养管理

蛋鸭的雏鸭是指 0～4 周龄的小鸭,雏鸭绒毛稀少,体温调节能力差,对外界环境条件适应能力较差,而对温度的变化很敏感；消化器官不健全，容积小，消化力差。雏鸭阶段是鸭生长发育最快的时期，需要精心的饲养与管理。因此在育雏期间提高雏鸭的成活率是中心任务，也为育成鸭和种鸭的培育打下良好的基础。

(1)育雏前的准备工作：为了获得满意的育雏效果，必须充分做好育雏前的准备工作，确定育雏季节、育雏方式、育雏人员，准备好育雏室、育雏饲料与垫料等。

①育雏季节的选择：随着饲养条件的不断完善和提高，养鸭受环境条件和季节性的影响不大，一年四季均可育雏，但有时为了充分利用自然条件和降低成本，也可选择育雏季节。一般春季育雏较好，因为春天气温开始回升，育雏消耗的能源相对较少，雏鸭成活率高，而且春天育雏的蛋鸭可在当年开产。

②育雏方式：可分为自温育雏和加温育雏。自温育雏主要利用雏鸭本身的温度，在无热源的保温器具内，以鸭数多少、保温器具覆盖与否来调节温度。这种方式节省能源，设备简单，但受外界环境条件影响较大，气温过低的冬季不能采用这种方式育雏。加温育雏通过人工加温来达到所需的温度，加温的器具有保温伞、红外灯、煤炉等。这种育雏方式不受季节的限制，不论外界温度高低均可以育雏，但要求条件较高，需消耗一定的能源，育雏成本高。

③育雏人员：根据育雏的日期和数量，配备好饲养员。饲养员要求有一定育雏经验，工作责任心强。

④育雏室准备：育雏室要求保温良好，环境安静。对育雏室的场地、保温供温设施、下水道进行修检，准备好充足的料槽和饮水器。墙壁、地面、室内容间、食槽、饮水器等严格消毒。在雏鸭

进舍前2～3天，对育雏室进行加热试温，使室内的温度能保持在30～32℃。

⑤育雏饲料与垫料的准备：准备好足够的饲料和垫料，备好常用药品、药械和疫苗。

(2)育雏的环境条件

①温度：蛋用雏鸭育雏期温度比肉用雏鸭略低。1～7日龄，育雏器的温度保持在30～25℃为宜；8～14日龄，育雏器的温度保持在25～20℃；15～21日龄，育雏器的温度为20～15℃；21日龄以后可以完全脱温，如遇到气温突然下降，也要适当增加温度。另外，可以根据雏鸭的行为表现来判断育雏室内温度是否适宜。当温度过低时，雏鸭会拥挤在一起，靠近热源，饮水量减少；当舍内温度过高，雏鸭远离热源，张口喘气，饮水量增加；温度适宜时，雏鸭精神活泼，采食饮水正常，静卧无声。

②密度：雏鸭每群饲养300～500只，1～10日龄雏鸭每平方米饲养25～30只，11～20日龄雏鸭每平方米饲养20～25只，21～30日龄每平米饲养15～20只，如果是冬季则可以适当加大密度。

③光照：光照可以促进雏鸭采食和运动，有利于健康生长。一般出壳后的前3天采用24小时光照，以便让雏鸭熟悉环境，采食和饮水，光的强度一般为10勒克斯，以后逐渐降低。4日龄以后，白天利用自然光，晚上只有喂料和饮水时才提供微弱的灯光。

(3)雏鸭的饲养管理要点

①挑选雏鸭：雏鸭要选择在同一时间出壳、绒毛整洁、毛色正常、大小均匀、眼大有神、行动活泼、脐带愈合好、体膘丰满，还

要特别注意雏鸭要符合本品种特征。

②“开水”与“开食”:雏鸭第一次饮水称开水,也叫潮水,开水的时间多在出雏后24小时左右进行,为了减少运输造成的应激,可在饮水中加入少量的电解多维、维生素C。雏鸭第一次采食称为“开食”,开水以后进行开食。开食的饲料可用粉状全价雏鸭料。开食时只吃七成饱,以后逐渐增加喂量,以防采食过多造成消化不良。开食以后,可用小颗粒雏鸭全价日粮饲喂雏鸭。

③适时“开青”、“开荤”:“开青”即开始喂给青饲料。雏鸭到3～5日龄开始补饲青饲料可防止维生素缺乏。到20日龄左右,青饲料占饲料总量可达40%。“开荤”是给雏鸭饲喂动物性饲料,可促进其生长发育。雏鸭从4日龄起补喂些小鱼、小虾、蚯蚓、泥鳅、螺母、蛆虫等动物性饲料。

④放水:放水要与“开水”结合起来,逐渐由室内转到室外,水逐渐加深。开始时可以引3～5只雏鸭先下水,每次放水5分钟,1周后,每次放水10分钟,然后逐步扩大下水鸭群,以达到全部自然地下水,千万不能硬赶下水。下水的雏鸭上岸后,要让其在无风而温暖的地方理毛,使身上的湿毛干燥后进育雏室休息,千万不能让湿毛雏鸭进育雏室休息。天气寒冷可停止放水。

⑤及时分群:雏鸭分群是提高成活率的重要环节。雏鸭在“开水”前,应根据出雏的迟早、强弱分开饲养。笼养的雏鸭,将弱雏放在笼的上层、温度较高的地方。平养的要将强雏放在育雏室的近门口处,弱雏放在鸭舍中温度最高处。第二次分群是在“开食”以后,一般吃料后3天左右,可逐只检查,将吃食少或不吃食的放在一起饲养,适当增加饲喂次数,比其他雏鸭的环境温度提高1～2℃。同时,要查看是否有疾病原因等,对有病的

要对症采取措施，将病雏单独饲养或淘汰。以后根据雏鸭的体重来分群，每周随机抽取5%～10%的雏鸭称重，未达到标准的要适当增加饲喂量，超过标准的要适当减少饲喂量。

2. 育成鸭的饲养管理

育成鸭一般指5～16周龄或18周龄开产前的青年鸭，这个时期的育成鸭体重增长快、羽毛生长迅速、性器官发育快、适应性强。青年鸭随着体重的增长，消化器官也随之增大，贮存饲养的容积增大，消化能力增强。此期的青年鸭表现出杂食性强，可以充分利用天然动植物性饲料，并适当地增加动物性饲料和矿物质饲料。育成阶段要充分利用青年鸭的特点，进行科学的饲养管理，加强洗浴，增加运动量，使其生长发育整齐，同期开产。

(1)育成鸭的饲养方式：鸭育成期饲养方式主要有以下两种：

①舍内饲养：称为全舍饲圈养或关养。一般鸭舍内采用厚垫草(料)饲养，或是网状地面饲养、栅状地面饲养。由于吃料、饮水、运动和休息全在鸭舍内进行，因此，饲养管理要求比较严格。舍内必须设置饮水和排水系统，采用垫料饲养的，垫料要厚，要经常翻动增添，必要时要翻晒，以保持垫料干燥、清洁。地下水位高的地区可选用网状地面或栅状地面饲养，这两种地面要比鸭舍地面高60cm以上，鸭舍地面用水泥铺成，并有一定的坡度，便于清除鸭粪。网状地面最好用涂塑铁丝网，网眼大小适中。栅状地面可用宽20～25mm，厚5～8mm的木板条或25mm宽的竹片，或者是用竹子制成相距15mm空隙的栅状地面，这些结构都要制成组装式，以便冲洗和消毒。这种饲养方式

的优点是可以人为地控制饲养环境，受自然界因素制约较少，有利于科学养鸭，达到稳产高产的目的，便于向大规模集约化生产过渡，增加饲养量，提高劳动效率；由于不外出放牧，减少寄生虫病和传染病感染的机会，从而提高成活率。

②半舍饲：鸭群固定在鸭舍、陆上运动场和水上运动场，不外出放牧。吃食、饮水可设在舍内，也可设在舍外，一般不设饮水系统，饲养管理不如全圈养那样严格。其优点与全圈养一样，减少疾病传染源，便于科学饲养管理。

(2)育成鸭的饲养管理

①育成鸭的饲养：育成鸭的能量和蛋白质水平宜低不宜高，饲料中代谢能含量为 11.297～11.506MJ/kg，粗蛋白含量为 15%～18%。日粮以糠麸为主，动物性饲料不宜过多，舍饲的鸭群在日粮中添加 5%的沙砾，以增强肠胃功能，提高消化能力。有条件的养殖场，可用青绿饲料代替部分精饲料和维生素添加剂，青绿饲料可以大量利用天然的水草。若采用全舍饲或半舍饲，运动量不如放牧饲养，为了抑制育成鸭性腺过早成熟，防止沉积过多的脂肪，影响产蛋性能和种用性能，在育成期饲养过程中应采用限制饲喂。限制饲喂一般从 8 周龄开始，到 16～18 周龄结束。

②育成鸭的管理

a. 加强运动，促进骨骼和肌肉的发育，防止过肥：每天定时赶鸭在舍内作转圈运动，每次 5～10 分钟，每天 2～4 次。

b. 经常与鸭群接触，提高鸭的胆量，防止惊群：蛋鸭胆子小，神经敏感，因此可利用喂料、喂水、换草等机会与鸭群接触，使鸭与人逐渐熟悉。切不可认为蛋鸭胆小而避而不近，这样反而容易惊群，造成损失。

c. 舍内通宵点灯，弱光照明：育成鸭不用强光照明，一般光照强度为 5 勒克斯。光照时间宜短不宜长，以控制其性成熟，每天光照 8～10 小时。为了便于鸭夜间饮水，防止因老鼠走动时惊群，舍内应通宵弱光照明。

d. 及时分群：分群可以使鸭生长发育一致，便于管理。育成鸭按体重大小、强弱和公母分群饲养，每个群体以 200～300 只为宜。

e. 做好疾病防治工作：育成鸭阶段主要预防鸭瘟和禽霍乱。具体免疫程序是：60～70 日龄注射一次禽霍乱菌苗，70～80 日龄注射一次鸭瘟弱毒苗，100 日龄前后再注射一次禽霍乱菌苗。

f. 建立稳定的作息制度：把鸭的休息、采食、下水活动等安排好，有利于生长发育。

3. 商品蛋鸭与种用蛋鸭产蛋期的饲养管理

(1)产蛋鸭的特点：母鸭从开始产蛋到淘汰这个阶段称为产蛋鸭。产蛋鸭的特点主要有以下几点：

①失去了就巢性：我国的蛋鸭品种的最大特点就是失去了就巢性，这就为提高和增加其产蛋量提供了极有利的条件。

②产蛋鸭胆大：与雏鸭、育成鸭完全不同，鸭产蛋以后不但见人不怕，反而喜欢接近人。

③性情比较温驯：开产以后的鸭子，性情较温驯，进舍后安静地休息、睡觉，不到处乱跑乱叫。

④代谢旺盛，对饲料要求高：由于蛋鸭产蛋量高，而且持久，

这种产蛋能力需要大量的各种营养物质。因此,进入产蛋期的母鸭新陈代谢很旺盛,如果饲料中营养物质不全面,则会导致产蛋量下降或鸭体消瘦,直至停产。所以产蛋鸭要求质量较高的饲料。

⑤生活和产蛋的规律性很强:在正常情况下,产蛋都在深夜进行,产蛋高峰在凌晨 3～4 点。

(2)产蛋鸭的饲养管理:育成鸭养到临产蛋前,经过挑选,将符合要求的转入成年鸭舍饲养,蛋鸭在产蛋期饲养管理的主要任务是提高产蛋量,减少破蛋量,节省饲料,降低鸭群的死亡率和淘汰率,获得最佳的经济效益。

①饲养方式:产蛋鸭饲养方式与育成鸭相同,主要有舍饲、半舍饲两种,其中半舍饲最为常见,生产中产蛋鸭从育成阶段到产蛋阶段不需转舍。这两种饲养方式的好处是饲养规模较大,能提高劳动效率,蛋鸭受外界环境的影响减小,提高了饲料报酬,增加了经济效益。

②产蛋期的饲养管理:人们根据产蛋鸭的产蛋率高低,将产蛋期分为三个阶段:产蛋前期、产蛋中期和产蛋后期。

a. 产蛋前期的饲养管理:蛋鸭品种大都在 150 日龄开产,200 日龄时达产蛋高峰,这个时期饲产管理的目标是应尽快把产蛋率推向高峰。从营养方面应根据产蛋率上升的趋势不断提高饲料质量,当产蛋量达到高峰后要稳定饲料的种类和营养水平,使鸭群的产蛋高峰能维持得长久些。这个时期,鸭进行自由采食,每只鸭的耗料量为 150g 左右。光照时间从 17～19 周龄就可以逐步开始加长,最终达到 16～17 小时为止,以后维持在这个水平上,光照强度一般为 5 勒克斯。产蛋前期饲养管理是

否恰当,可以从以下三个方面观察:

观察蛋重的增加趋势:初产时蛋很小,到200日龄时可达到标准蛋重。在产蛋前期,蛋重不断增加,而且越产越大。增重势头快,说明养得好,增重势头慢或出现蛋重降低,说明饲养管理不当,要找出原因。

观察产蛋率上升趋势:开产后的产蛋率不断上升,早春开产的鸭其产蛋率上升更快。产蛋率如高低波动,甚至出现下降,要从饲养管理上找原因。

观察体重变化情况:对刚开产的鸭群、产蛋至210日龄、240日龄、270日龄以及300日龄的鸭群进行称重。称重应在早晨空腹时进行,每次抽样应占全群的10%。若体重维持原状或变化不大,说明饲养管理得当;若体重有较大幅度地增加或下降,则说明饲养管理有问题。

b. 产蛋中期的饲养管理:鸭群进入产蛋高峰后,体力消耗较大,如不精心饲养管理,较难保持高峰产蛋率,甚至引起换羽停产,这是蛋鸭最难饲养的阶段。这个时期要在营养上满足高产的需要,日粮中粗蛋白质的含量应从18%提高到19%～20%,同时增加钙的喂量,但日粮中含钙量过高会影响适口性,可在混合饲料中添加1%～2%的颗粒状贝壳粉,或在舍内单独放置碎贝壳片槽(盆),供其自由采食。光照时间稳定保持16～17小时。在日常管理中还要细心观察以下内容:

蛋壳质量:好的蛋壳应该光滑厚实,有光泽。若发现蛋的蛋形变长、蛋壳薄、透亮、有沙点或产软壳蛋,说明饲料质量不好,特别是钙质或维生素D不足,要及时补充。

产蛋时间:正常情况下产蛋时间为深夜3～4时,若每天推迟产蛋时间，甚至白天产蛋，这就是不祥之兆，应采取措施，否则会减产甚至停产。

鸭群的精神状态：产蛋率高的健康鸭精力充沛，下水后潜水时间比较长。如发现鸭精神不振，行动无力，怕下水，下水羽毛沾湿，甚至下沉，则说明营养不足，将会引起减产停产，注意要增加营养。

c. 产蛋后期的饲养管理：蛋鸭经过长期的持续产蛋后，产蛋率将会逐渐下降。产蛋后期饲养管理的主要目的是尽量减缓鸭群产蛋率的下降。如果饲养管理得当，此期内鸭群的平均产蛋率仍可保持75%～80%。这个阶段的饲养管理要点是：

根据体重和产蛋率确定饲料的质量和喂料量，不可盲目增减饲料：如产蛋率仍在80%以上，体重略有减轻趋势时，饲料中应适当增加动物性饲料；若体重增加，有过肥趋势，产蛋率还在80%左右时，则可降低饲料中的代谢能或控制采食量；若体重正常，产蛋率也比较高，则饲料中蛋白质水平应略有增加；若产蛋率已降到60%左右，再难以上升，则无须加料。

保持光照：每天保持16～17小时光照，不能减少。

观察蛋壳质量和蛋重的变化：若出现蛋壳质量下降、蛋重减轻时，则可增补一些无机盐添加剂和鱼肝油。

管理得当，防止应激：保持鸭舍内环境的相对稳定，保持稳定的作息时间，防止产生应激。

③种用蛋鸭的饲养管理：种用蛋鸭饲养管理的主要目的是获得尽可能多的合格种蛋，能孵化出品质优良的雏鸭。因此，对种用蛋鸭除了要求产蛋率高以外，还要有较高的受精率和孵化率，并且孵出的雏鸭质量要好。这就要求饲养管理过程中，除了

要养好母鸭,还要养好公鸭。

a. 增加营养:种用蛋鸭饲料中的蛋白质要比商品蛋鸭高,同时要保证蛋氨酸、赖氨酸和色氨酸等必需氨基酸的供给,保持饲料中氨基酸的平衡。色氨酸对提高受精率、孵化率有帮助,日粮中的含量应占0.25%～0.30%。鱼粉和饼粕类饲料中的氨基酸含量高,而且平衡,是种用蛋鸭较好的饲料原料。此外,要补充维生素,特别是维生素E,因为维生素E对提高产蛋率、受精率有较大作用,日粮中维生素E的含量为每千克饲料含25mg,不得低于20mg,可用复合维生素来补充。

b. 饲养好种公鸭:公鸭的好坏对提高受精率的作用比较大。公鸭必须体质健壮,性器官发育健全,性欲旺盛,精子活力好。公鸭到150天左右才能达到性成熟。因此,选留公鸭要比母鸭早1～2个月龄,到母鸭开产时公鸭正好达到性成熟。

在采食过程中公鸭争食凶,十分好斗,导致公母鸭采食不均匀,体重不齐。所以公母鸭在育成阶段要分开饲养,但要注意防止公鸭间相互争斗,形成恶癖。一般到配种前20天公母才可混合饲养。但如果育成后期公鸭有明显的性行为,就可以提早混养时间,防止公鸭间形成同性恋的恶癖。

c. 提供合理的公母配比:我国蛋用型鸭,种公鸭的配种性能好,公母比例可达1∶20～1∶25,全年受精率达90%以上。在育成阶段,公鸭要多养一些,以供配种时选择。公母鸭刚开始混养时公母鸭的比例要低一点,每100只母鸭多配1～2只公鸭。发现有性行为不明显,有恶癖的公鸭要及时进行淘汰。到母鸭产蛋时保持1∶25左右的公母比例为宜。

d. 加强种用蛋鸭的管理:种用蛋鸭的管理重点是提供干

燥、清洁、安静的环境,注意通风换气。进入产蛋高峰期后,如果出现脱肛、阴茎外垂等,应采取措施进行治疗,可用刺激性小的消毒药轻轻擦洗鸭的肛门或阴茎,人工帮助其复位,并喂少量抗生素。种蛋要及时收集,贮放在阴凉处,及时入孵,不能久贮,一般贮存时间不超过 7 天,否则会影响孵化率。

(3)产蛋鸭的放牧

①适宜放牧的饲养环境:在鸭的放牧饲养中,放牧环境及路线的选择是至关重要的。环境选得好,饲料充足,鸭每天能吃得饱,长膘快。因此,选择牧地、安排放牧路线都由经验最丰富的饲养员掌握。并在放牧前的半个月,对周围的地形地势、河流湖泊、农作物种类、收获时间进行一次勘察访问,作出周密计划,确定放牧路线。在放牧的前 3 天再作一次实际调查,根据农作物收获的实际进度,以及野生动植物饲料资源等,估测出各种饲料的数量,计算好可供放牧的鸭数及放牧次数,然后有计划地进行,放牧环境要尽可能满足以下条件:

a. 要选择在溪渠的弯道处,这样的地方水流平缓,水面也较宽阔,便于设立水围。

b. 溪渠岸边的坡度愈平坦愈好,以便于紧接水围设立陆围。

c. 离营地附近的水稻田中的天然动植物饲料要丰富,如果附近有冬水田就更好。因为冬水田的藻类植物和小虾多,是鸭放牧最理想的牧地。

d. 海涂牧场周围必须有淡水池塘或河流。

②放牧路线的选择:在放牧路线的选择上要注意远近适当,随日龄的增加路线由近到远,逐步锻炼,不能使鸭太疲劳。往返

路线尽可能固定，便于管理。过江过河时，要选择水浅的地方。上下河岸时，应选择坡度小、场面宽广之处，以免拥挤践踏。在水里浮游，应逆水放牧，便于觅食。在有风天气放牧，应逆风前进，以免羽毛被风吹开而受惊。每次放牧途中，都要选择1～2个阴凉可避风雨的地方，在中午炎热或遇雷阵雨时，都要把鸭赶回阴凉处休息。此外要注意以下几种情况绝对不能放牧。

a. 刚施用过农药、除草剂或化学肥料、石灰的地方。

b. 发生过瘟病或带有传染病的鸭所走过的地方。

c. 秧苗刚种下或已经扬花结穗的地方。

d. 被矿物油污染的水面。

③放牧技术

a. 采食的训练：在放牧以前，要有意识地进行采食训练，放牧的主要野生饲料是杂草、害虫和遗留谷粒。吃惯混合饲料的鸭，初次见到谷子，不敢采食，要先进行训练调教。其具体方法是：将谷子洗净后，加水放锅里用猛火煮一下，直至米饭从谷壳里爆开，再放冷水中浸凉。然后将饥饿的鸭群围起来，垫上喂料的席子（或塑料布），饲养员提着喂料桶进入鸭群后，不要马上撒料，而是先走几圈，引诱鸭产生强烈的采食要求，然后在空的席子上撒几把煮过的稻谷。当饥饿的鸭看到谷壳中有白色的饭粒，就去啄食，但谷壳不易剥离，由于饥不择食，自然就吞咽下去。必须注意的是第一次撒料不要太多，既要撒得均匀，又要撒得少，逐步增加，造成抢食的现象。

学会吃熟谷以后，在放牧以前还要调教吃落谷。方法是：先将喂料用的席子（或塑料布）抽去一半，有意将一部分生谷撒到地上，让鸭采食。这样喂几次后，将喂料用的席子全部抽去，将谷子全部撒在地上让其吃，继之又将喂食移到滩边，将一部分谷子撒在浅水中，让鸭去啄食。吃过几次后，在放牧以前，就将谷子直接撒在浅水中，再放其自由寻食，从而使鸭慢慢建立起水下地上有谷即吃的条件反射，此后到放牧地中去，就会主动寻找落谷采食。

b. 放牧方法：不同的放牧场地，采用何种放牧形式最为有利，是有讲究的。最常见的放牧方法有 3 种。

一条龙放牧法：一般由 2～3 人管理（视群体大小而定），由最有经验的饲养员在前面领路，另有两名助手在后方的左右侧压阵，使鸭形成 5～10 层次，缓慢前进，把稻田的落谷和昆虫吃干净。这种放牧法对于将要翻耕、泥巴稀而不硬的落谷田更适合，宜在下午进行。

满天星放牧法：将鸭驱赶到放牧地后，不是有秩序地前进，而是让它散开来，自由采食，先将会逃跑的昆虫吃掉，留下大部分遗粒，以后再放。这种放牧法适于干田块，或近期不会翻耕的田块，宜在上午进行。

定时放牧法：根据鸭的采食规律而决定。春末至秋初，日照时间长，一般采食 4 次。秋后至春初，气候冷，日照时间少，一般每日分早、中、晚采食 3 次。饲养员要选择好放牧场地，把天然饲料丰富的地方作为放牧场地。由于鸭经过休息，体力充沛，又处于饥饿状态，所以一进入牧地，立即低头采食。这时鸭对饲料的选择性降低，能在短时间内吃饱肚子。然后再下水浮游、洗澡，在阴凉的草地上休息。这样有利于饲料的消化吸收。如不控制鸭的采食和休息时间，整天东奔西走，则会使鸭终日处于半饥饿状态，得不到休息，既消耗体力，又不能充分利用天然饲料，是放牧的大忌。

c. 信号调教：一群鸭子，少则几百只，多至数千只，如果没有统一指挥信号，放在野外，则很难控制。轻则分散逃跑，严重时则发生惊群，互相践踏致死。放牧训练要从雏鸭期开始，用固定的口令训练，这种口令因地因人而异，较为通用指挥口令是：

"来—来—来—"呼唤鸭群来集合吃料；

"嘘—嘘—嘘—"呼鸭慢走；

"咳—咳—咳—"大声吆喝，表示警告。

常用的指挥信号是：

前进——牧鸭人将放牧竿平靠在肘上，钝端在前，尖端在后；

停止前进——牧鸭人将放牧竿横握于手中，立于鸭群前面。

左右转弯——向左转弯时，牧鸭人将放牧竿在右方不断挥动，竿梢指向左方；向右转弯时，将放牧竿在左方不断挥动，竿梢指向右方。

停下采食——将放牧竿插在田的四方，表示在这个范围内活动，经过训练的鸭群，就会停下来安心采食。

在训练指挥信号的执行过程中，必须非常严格，例如在前进的行列中，要根据指挥人的要求，有固定的队形和行列，不能擅离队伍，不允许争先恐后。又如放到一个田块采食时，就要在规定的范围内活动，不能走散，如有出格行为，就要吆喝、制止，将其追回，不能听之任之。经过严格训练后的鸭群，即使是数以千计的大群，外出放牧时，行进起来井然有序，不会糟蹋庄稼。

④注意事项：

a. 每日出牧、休息、放牧的时间和次数要看当天的气温和田水温度的高低来决定。

b. 放牧行进中放牧人员与鸭群一般要保持 3～5m 的距离，人离得太近会迫使鸭群疾走，离得太远又不易控制鸭群。

c. 合理安排，轮流放牧。同一片田块不能多次重复，放牧一两次后，要休闲几天再放；稻田不同生长期、不同收获期的田块最好适当搭配，不要放同一种田块。

d. 放牧归来，一定要待羽毛晾干后再入圈休息，防止过夜受凉。

e. 海涂放牧要注意将鸭体上残留的盐分在淡水中洗净后再收牧。

f. 要注意控制一些野生饲料的采食，如生蚕豆、豌豆、油菜籽、夏天的蜗牛、野蛤蜊等，否则会影响鸭的生长，甚至于发病或中毒。

(4)鸭的人工强制换羽：一般到了秋季，鸭群就会自然换羽，时间可持续 4 个月左右，对产蛋量有很大的影响。为了缩短休产时间，提高种蛋量和蛋的品质，生产中可进行人工强制换羽。人工强制换羽的时间在 2 个月以内，当鸭群产蛋率下降至 30% 以下，蛋形变小，羽毛零乱，个别鸭出现脱羽现象时即可进行人工强制换羽。人工强制换羽方法有停水停料（停水 1～2 天，停料 2～3 天），控制光照（舍内关养、停止光照），拔羽（主翼羽、副翼羽、尾羽）等。拔羽后 5 天内应避免烈日暴晒，保护毛囊组织，以利于新羽的长出，逐步提高日粮营养水平，增加饲喂量，促使换羽鸭恢复体力。强制换羽期间，公母鸭分开饲养，同时拔羽，这样可使公母鸭换羽期同步，以免造成未拔羽的公鸭损伤拔羽的母鸭，或拔羽母鸭到恢复产蛋时，公鸭又处于自然换羽期，不愿与母鸭交配,影响种蛋受精率。

(四)肉鸭的饲养管理

1. 肉用仔鸭的饲养管理

肉用仔鸭具有早期生长迅速,体重大,出肉率高,生长均匀度好,饲料转化率高,生产周期短,全年都能够批量生产等特点。

(1)育雏期的饲养管理:0～4 周龄是肉用仔鸭的育雏期,这是肉鸭生产的重要环节,刚出壳的雏鸭体小、娇嫩、绒毛稀短,自身调节体温的能力差,很难适应外界环境的温度变化,需要人工给温;消化器官容积小,消化功能尚不健全,因此要喂一些易消化的饲粮;生长发育极为迅速,需要丰富而全面的营养物质才能满足生长发育的要求;抗病功能尚不完善,易生病死亡,特别要注意防疫卫生工作。

①育雏方式:根据占用地面和空间的不同,肉用仔鸭常用的育雏方式分为平面育雏和立体育雏两种。

a. 平面育雏:平面育雏又分为地面更换垫料育雏和网上育雏两种方式。

地面更换垫料育雏:把雏鸭养在铺有锯木屑、谷壳等垫料的地面上,垫料厚 2～3cm,并要经常更换。更换垫料育雏的供温方式有 2 种,第一种是保温伞育雏,利用电热丝散发的热量育雏。雏鸭可在保温伞下自由选择适温带,换气良好。育雏鸭数可根据热源面积而定,一般一个保温伞可养 2 周龄内的雏鸭 200 只左右。第二种是红外灯保温育雏,利用红外灯散发的热量育雏。灯泡规格为 250 瓦，使用时悬挂于离地面 45cm 高处，室温低时可降低至 35cm，随着雏鸭日龄的增加，灯泡逐周提高至 60cm。红外灯育雏，保温稳定，室内干净，垫料干燥，雏鸭可自由选择合适温度区，育雏效果好。

网上育雏：雏鸭饲养在离地面 50～60cm 高的网上，雏鸭不与地面粪便接触，可减少疾病传播，并可节约大量的垫料费用。可以在网上或网下供热。这种育雏方式培育雏鸭健康情况良好。

b. 立体育雏：近年来养鸭的规模越来越大，为了充分利用育雏设备，养鸭专业户在网上育雏的基础上，发展成多层育雏，也叫立体育雏。这种育雏方式比平面育雏更能有效地利用禽舍和热量，既有网上育雏的优点，又可以提高劳动效率。立体育雏笼一般为 3～5 层。

②育雏条件

a. 温度：雏鸭体温调节机能较差，对外界环境条件有一个逐步适应的过程，保持适当的温度是育雏成败的关键。尤其 3 周龄内的雏鸭更需注意。接雏后到 3 日龄时育雏室距地面 6～8cm 处温度为 29～30℃，然后以每周 2～3℃ 的幅度下降，到育雏结束时与育成舍的环境温度相同。在这种条件下，育雏率可达 95%左右，生长发育速度也比较快，雏鸭发育良好，体质健壮。鸭育雏温度控制可参考表 4-1。

室内的温度是否适宜应视雏鸭的活动情况而定，一般雏鸭均匀分散不打堆，鸭感到舒适，伸腿伸腰，三五成群静卧无声，或有规律地吃食饮水，表明温度适宜。雏鸭重叠打堆，说明育雏温度偏低。雏鸭远离热源并张口呼吸，且饮水增加，说明温度偏

表 4-1 鸭育雏温度参考标准

日龄	温度(℃)		
	加热器下	活动区域	周围环境
1～3	45～42	30～29	30
4～7	42～38	29～28	29
7～14	38～36	27～26	27
14～21	36～30	26～25	25
21～28	30	24～22	22
28～40	遵照冬季环境	20	22～18
40～	标准逐步脱温	18	17

高。不论采用何种方式供温加热，温度必须是逐日渐降，切不可大幅度突变，或是忽冷忽热。温度变化大，雏鸭易受凉，对生长发育极为不利。冬天育雏室与外界环境的温度相差较大，要有一个逐步脱温的过程，以便转群后鸭能适应新的环境温度。

b. 湿度：鸭为水禽，要求空气相对湿度略高些，在 70%左右，在常温下一般都可以达到这个要求。但是当室内加温后，相对湿度就会随之下降，温度每升高 1℃，相对湿度下降 3.5%～4%。当雏鸭从相对湿度为 70%的出雏器孵出后，转入保育伞下，呼吸过程会散发大量水分，必须饮用大量水分，否则会导致食欲下降，羽毛生长不良，脚趾干瘪，发育受阻，卵黄吸收不完全。1 周龄内的雏鸭，要特别注意对饮水器和水盘加水，以保证饮水量和相对湿度。2 周龄的雏鸭，食量增加排粪量多，在晴天时开始下水洗浴。因此，要相应地保持垫料的干燥，以避免病菌和寄生虫的繁殖。

c. 通风：雏鸭个体虽小，但体温高，代谢旺盛，在大群饲养下，排泄的粪便也多，污染的垫料发酵分解后会产生有害气体氨和硫化氢。据测定，鸭每千克体重1小时呼出的二氧化碳气体的数量为1.5～2.3L，如不适当通风会造成缺氧。尤其在室温较高、湿度较大的情况下，粪便分解快，挥发大量的氨和硫化氢等有害气体，刺激眼、鼻和呼吸道，严重时会造成中毒，雏鸭表现精神不安，行动不活泼，羽毛污秽，发育不良，抵抗力差。因此，育雏时必须通风。在南方，鸭的育雏多采用开放式，空气流通，一般不需要通风。如果鸭舍内氨气浓度过高，或在雨季，需进行适量通风以调节育雏室内的湿度，排除污浊的气体。近年来，有些专养2～4周龄雏鸭出售的专业户，采用封闭式的育雏方法，由于饲养密度高，又没有提供相应的通风条件，就造成了雏鸭大量死亡。在冬季和早春，为了解决通风和保温的矛盾，可以在育雏室的门、窗上安装布帘或草垫，以避免室外冷空气直接流入室内。

d. 光照：光照可以促进雏鸭的采食和运动，有利于雏鸭的健康生长。商品雏鸭，1周龄要求保持24小时连续光照，2周龄要求每天18小时光照，2周龄以后每天12小时光照，至屠宰前一直保持这一水平。但光的强度不能过强，白天利用自然光，早、晚提供微弱的灯光，只要能看见采食即可。光照强度为每平方米5瓦，灯泡离地的距离是2～2.5m。

e. 密度：密度是指育雏室内每平方米饲养的雏鸭的数量。密度过大，雏鸭活动不开，采食、饮水困难，空气污浊，不利于雏鸭的生长；密度过稀使房舍的利用率低，多消耗能源，不经济。

育雏期饲养密度的大小要根据育雏室的结构和通风条件来定，一般每平方米饲养1周龄雏鸭25只，2周龄为15～20只，3～4周龄每平方米饲养鸭8～12只，每群以200～250只为宜。

③饲养管理技术：肉用仔鸭生长特别迅速，对饲养管理要求高，且对环境很敏感，又比较娇嫩，稍有不慎会引起生长迟缓，甚至导致死亡率增高，因此需要科学的饲养管理，主要从以下几个方面具体进行介绍：

a. 雏鸭的选择：肉用商品雏鸭必须来源于优良的健康母鸭群，种母鸭在产蛋前已经免疫接种过鸭瘟、禽霍乱、病毒性肝炎等疫苗，以保证雏鸭在育雏期不发病。所选购的雏鸭大小基本一致，体重在55～60g，活泼，无大肚脐，歪头拐脚等，毛色为蜡黄色，太深或太淡均淘汰。

b. 分群：雏鸭群过大不利于管理，环境条件不易控制，易出现惊群或挤压死亡，所以为了提高育雏率，进行分群管理，每群300～500只。

c. 饮水：水对雏鸭的生长发育至关重要，雏鸭在开食前一定要饮水，饮水又叫点水或潮水。在雏鸭的饮水中加入适量的维生素C、葡萄糖、抗生素，效果会更好，既增加营养又提高雏鸭的抗病力。提供饮水器数量要充足，不能断水，也要防止水外溢。

d. 开食：雏鸭出壳12～24小时或雏鸭群中有1/3的雏鸭开始寻食时进行第一次投料，饲养肉用雏鸭用全价的小颗粒饲料效果较好，如果没有这样的条件，也可用半生米加蛋黄饲喂，几天后改用营养丰富的全价饲料饲喂。

e. 饲喂的方法：第一周龄的雏鸭应让其自由采食，保持饲料盘中常有饲料，一次投喂不可太多，防止长时间吃不掉被污染而引起雏鸭生病或者浪费饲料。因此要少喂常添，第一周按每只鸭子35g饲喂，第二周105g，第三周165g。

f. 严格注意预防疾病：肉鸭网上密集化饲养，群体大且集中，易发生疫病。因此，除加强日常的饲养管理外，要特别做好防疫工作。饲养至20日龄左右，每只肌内注射鸭瘟弱毒疫苗1ml；30日龄左右，每只肌内注射禽霍乱菌苗2ml，平时可用0.01%～0.02%的高锰酸钾饮水，效果也很好。

(2)育肥期的饲养管理：肉用仔鸭从4周龄～上市这个阶段称为生长育肥期，育肥期的生理特点是体温调节已趋于完善，肌肉与骨骼的生长和发育处于旺盛期，绝对增重处于最高峰阶段，采食量迅速增加，消化机能已经健全，体重增加很快。因此我们要根据肉用仔鸭的生长发育特点，进行科学的饲养管理，使其在短期内迅速生长，达到上市要求。

①肉鸭的育肥方式：根据饲养者的现有条件和市场的供需要求来选择一种合适的育肥方式。肉用仔鸭常用的育肥方式是舍饲，在没有放牧条件或天然的饲料较少的地区多采用此法。饲养至4周龄时转入育肥舍。育肥舍可建造既有水面又有运动场的鸭舍，采用自然温度，夏季通风好，鸭舍清洁凉爽适宜。适当限制鸭的活动并饲喂含能量较多的饲料，如稻谷、碎米、玉米等，有条件时应添加鱼粉、矿物质饲料，饲料中也要加一些砂粒或将砂粒放在运动场的角落里，任鸭采食，以助于消化。饲料要多样化，每天喂4次，任其饱食，不能剩余，以吃完为宜。食饱后让鸭子在运动场的饮水池中饮水，防止鸭舍湿度过大，保持地面干燥，也可白天放在舍外，晚上赶回鸭舍，舍内安装白炽灯以便

于采食、饮水，但光照强度不宜过大，能看见采食即可，夏季要适当地限制饮水，防止地面潮湿。舍内的垫料要经常翻晒或增加垫料，垫料不够厚易造成仔鸭胸囊肿，从而降低屠体品质。夏季气温高可让鸭群在舍外过夜。密度则按每平方米 7～8 只（4 周龄）、6～7 只（5 周龄）、5～6 只（6 周龄）、4～5 只（7～8 周龄）。舍饲成本大，不宜久喂，7 周龄则上市出售，且羽毛已基本长成，饲料的转化率较高，若再喂则肉鸭偏重，绝对增重开始降低，饲料转化率也降低。如要生产分割肉则最好养至 8 周龄。

②肉用仔鸭的填肥技术：肉鸭的填肥主要是用人工强制鸭子吞食大量高能量饲料，使其在短期内快速增重和积聚脂肪。当鸭子的体重达到 1.5～1.75kg 时开始填肥，填肥期一般为 2 周左右。前期料中蛋白质含量高，粗纤维也略高；而后期料中粗蛋白质含量低，粗纤维略低，但能量却高于前期料。主要是由于雏鸭早期生长发育需要较高的蛋白质，而后期的则需要较高的能量用来增加体脂，使后期的增重速度加快。填肥开始前，先将鸭子按公母、体重分群，以便于掌握填喂量。一般每天填喂 3～4 次，每次的时间间隔相等，前后期料各喂 1 周左右。下面两个配方供参考（见表 4-2）。

表 4-2 填饲期的饲料配方 单位：%

配方	玉米	大麦	小麦面	麸皮	鱼粉	菜籽饼	骨粉	碳酸钙	食盐	豆饼
1	59.0	4.8	15.0	2.2	5.4	—	1.9	0.4	0.3	11.0
2	60.0	—	15.0	10.8	3.5	5.0	—	1.4	0.3	4.0

③填喂方法：填喂前，先将填料用水调成干糊状，用手搓成长约 5cm，粗约 1.5cm，重 25g 的剂子。填喂时，填喂人员用腿夹住鸭体两翅以下部分，左手抓住鸭的头，大拇指和食指将鸭嘴上下喙撑开，中指压住舌的前端，右手拿剂子，用水蘸一下送入鸭子的食道，并用手由上向下滑挤，使剂子进入食道的膨大部，每天填 3～4 次，每次填 4～5 个，以后则逐步增多，后期每次可填 8～10 个剂子。也可采用填料机填喂法，填喂前 3～4 小时将填料用清水拌成半流体浆状，水与料的比例为 6∶4。使饲料软化，但夏天防止饲料发霉变质，一般每天填喂 4 次，每次填湿料为：第 1 天填 150～160g，第 2～3 天填 175g，第 4～5 天填 200g，第 6～7 天填 225g，第 8～9 天填 275g，第 10～11 天填 325g，第 12～13 天填 400g，第 14 天填 450g，如果鸭的食欲好则可多填，应根据情况灵活掌握。填喂时把浆状的饲料装入填料机的料桶中，填喂员左手捉鸭，以掌心抵住鸭的后脑，用拇指和食指撑开鸭的上下喙，中指压住鸭舌的前端，右手轻握食道的膨大部，将鸭嘴送向填食的胶管，并将胶管送入鸭的咽下部，使胶管与鸭体在同一条直线上，这样才不会损伤食道。插好管子后，用左脚踏离合器，机器自动将饲料压进食道，料填好后，放松开关，将胶管从鸭喙里退出。填喂时鸭体要平，开嘴要快，压舌要准，插管适宜，进食要慢，撒鸭要快。填食虽定时定量，但也要按填喂后的消化情况而定。并注意观察，一般在填食前一小时填鸭的食道膨大部出现凹沟为消化正常。早于填食前 1 小时出现，表明填食过少。

④填肥期的管理：填喂时动作要轻，每次填喂后适当放水活动，清洁鸭体，帮助消化，促进羽毛的生长；每隔 2～3 小时赶鸭

子走动1次,以利于消化,但不能粗暴驱赶;舍内和运动场的地面要平整,防止鸭跌倒受伤;舍内保持干燥,夏天要注意防暑降温,在运动场院搭设凉棚遮荫,每天供给清洁的饮水;白天少填晚上多填,可让鸭在运动场上露宿;鸭群的密度为前期每平方米2.5～3只,后期每平方米2～2.5只;始终保持鸭舍环境安静,减少应激,闲人不得入内;一般经过2周左右填肥,体重在2.5kg以上便可出售上市。

2. 肉用种鸭的饲养管理

(1)育雏期的饲养管理:肉用种鸭的育雏期为0～4周龄阶段。这个阶段的饲养管理参照肉用仔鸭育雏期饲养管理。

(2)育成期的饲养管理:肉用种鸭的育成期为5～24周龄。此期的体重和光照时间是保持产蛋期的产蛋量和孵化率的关键所在。实践证明,只有鸭群体重与体型一致性良好时,才能有好的生产性能。体型发育不好或体重偏轻的鸭群,产蛋早期蛋重小,畸形蛋多,孵化率低;体型发育不好,体重超标的鸭群会发生严重的脱肛现象。因此在育雏期间饲喂全价配合饲料,保证营养充足;在育成期要限制饲养,使其协调发展。实施科学的光照制度,控制性成熟,使其性成熟与体成熟的发育保持一致性,适时开产。采用体重和体型的双重标准,在养禽生产中越来越受到人们的重视,通过定期监测和调控后备种鸭群的生长,使其协调发展,才能培育出整齐度好、高产、稳产的后备种鸭,提高种鸭场的经济效益。

①饲养方式:在育成期对种鸭实行限制饲养,可以使实际体重落在目标体重范围内,性成熟时间适中,增加产蛋总量,降低

产蛋期死亡率，提高受精率和孵化率，发挥其最佳生产性能。肉种鸭的限饲方法很多，常用的每日限饲，根据体重生长曲线来确定每天的供料量；另外一种是隔日限饲，把 2 天的料量放在 1 天 1 次性投喂，第二天则不喂料。实践证明，无论采用哪一种限饲方法，在喂料当天的第一件事都是早上 4 时开灯，按每群分别称料，然后定期投料。

②饲喂量与饲喂方法：第四周末，鸭群随机抽样 10%个体，空腹称重，计算平均体重，与标准体重或推荐的体重相比，来确定下周的喂料量。另外，把每周的称重结果绘成曲线与标准曲线相比，通过调整饲喂量，使实际曲线与标准生长曲线基本相符，一般每周加料量在 2～4g 为宜，每周保持体重稳定增长的幅度。若体重低于标准体重，则每天每只增加 5～10g，若还达不到标准体重，则再增加；若高于标准体重，则每天每只减少 5g。直至短时间内达到标准体重。每天喂料量和每天鸭群只数一定要准确，将称量准确的饲料在早上一次性快速投入料槽，加好料后再放鸭子吃料，尽可能使鸭群在同一时间吃到料，防止有的鸭子吃的过多而使体重增长太快，有的鸭子吃的过少使体重上升太慢，达不到预期的标准；饲料营养要全面，所喂的料在 4～6 小时吃完。限饲要与光照控制相结合；限饲过程中可能会出现死亡，因此更应该照顾弱小的鸭；鸭有戏水并清洗残留食物和洁身的特性，因此要在运动场内设置 0.5m 深的洗浴池，供鸭定期洗浴，或者把水槽或饮水器装满水放在运动场上，以免弄湿鸭舍。添加抗应激剂，由于鸭的敏感性较强，必须考虑到应激因素，如通风不良、称重及免疫接种、转群等对鸭群体重的不良影响，特别是在免疫接种时，应在饮水或饲料中添加维生素 C、电解质和

多维素等，减少应激反应。

③转群：肉鸭育成期一般采用半舍饲的管理方式，鸭舍外设运动场，面积比鸭舍大1/3，即为鸭舍的4/3倍。若育雏期网上平养转为育成期地面垫料平养，应在转群前1周应准备好育成鸭舍，并在转群前将饲料及水装满容器。由于后备公母鸭的采食速度、喂料量及目标体重均有所不同，因而公母鸭要分群饲养。但在公鸭群中应配备少量的母鸭，即"盖印母鸭"，以促使后备公鸭的生殖系统发育。

④光照：在5～20周龄这个阶段，光照的原则是光照时间宜短不宜长，光照强度宜弱不宜强，以防过早性成熟，通常每日固定9～10小时的光照，实际生产中多采用自然光照。如果育成期处在日照时间逐渐增加的季节，解决的方法是将光照时间固定在19周龄时的光照时间范围内，不够的则人工补充光照，但总的光照时间不能超过11小时为宜。如果自然光照日渐减少，就利用自然光照，到21周龄时则增加光照，26周时光照达到17小时。每天从早晨4时开始光照，直至21时，其余的时间为黑暗。光照时间要逐渐增加，以周为单位，而且每周增加的光照时间相等。例如：20周的自然光照时间为8小时，要再增加9小时的人工光照才满足17小时的光照时间，因此将9小时平均分配给6周，每周配给1.5小时，结果为从21周开始每周增加1.5小时的光照。

⑤密度：地面平养时，每只鸭子至少应有0.45平方米的活动空间，鸭舍分隔成栏，每栏以200～250只为宜，群体太大，会使群体体重差异变大，不易于饲养与管理。

⑥称重：从第4周龄开始，每周随机抽样称重。根据体重大

小及时调整鸭群。从开始限饲就应整群,将体重轻、弱小的鸭单独饲养,不限饲或少限饲,直到恢复标准体重后再混群。由于鸭的粪便中含有大量的水分,很容易使舍内环境潮湿,产生大量氨气等有害气体,使舍内空气污浊,所以每天应加强通风,及时增添垫料,保持舍内垫料松软干燥、空气清新。

(3)产蛋期的饲养管理:肉用种鸭的产蛋期为 25 周龄至产蛋结束。产蛋期的饲养目的是提高产蛋量、受精率和孵化率。要做到这一点,就必须进行科学的饲养与管理。

①饲养技术要点:

a. 饲养方式:与育成期相同,可以不转群。

b. 饲喂技术:鸭的喂料量可按不同品种的饲养手册或建议喂料量进行饲喂,最好用全价配合饲料或湿拌料。鸭有夜食的习惯,而且在午夜后产蛋,所以晚间给料相当重要,一般喂给湿料。喂料方法有两种,一种是顿喂,每天 4 次,时间间隔相等,要求喂饱。一种是昼夜喂饲,每次少喂勤添,保证槽内有料,也不使槽内有过多的剩料。其优点是每只鸭吃料的机会均等,不会发生抢料而踩踏或暴食致伤的现象,对肉种鸭来说比较合适。用颗粒饲料时,可用喂料机来喂,即省力又省时。无论采用哪一种饲喂方法,都应供给充足的饮水,并且每天刷洗水槽,保证清洁的饮水,水的深度要没过鸭的鼻孔,以便清洗鼻孔。

②管理技术要点:

a. 产蛋箱的准备:育成鸭转入产蛋舍前,在产蛋舍内放置足够的产蛋箱,如果不换鸭舍则在育成鸭 22 周龄时放入产蛋箱。产蛋箱的尺寸为长 40cm,宽 30cm,高 40cm,每个产蛋箱供 4 只母鸭产蛋,可以将几个产蛋箱连在一起,箱底铺上松软的草或垫料，当草或垫料被污染了则要随时换掉。保证种蛋的清洁，提高孵化率。产蛋箱一旦放好，不能随意变动。

b. 环境条件：鸭虽然耐寒，但冬季舍内温度不应低于0℃，夏季不应高于25℃，温度低时可采取防寒保暖措施，温度高则放水洗浴、淋浴或增加通风量来降温。舍内保持垫料干燥。每天提供17小时的光照，光照强度为每平方米地面2瓦，灯高2m，并加灯罩盖，灯分布要均匀，时间固定，不可随意更改，否则会影响产蛋率。为应付突发事件，最好自备发电设备。加强通风换气，保持舍内空气新鲜，使有害气体排出舍外。饲养密度要适宜，密度太大则影响鸭的活动、采食及饮水，密度太小则浪费房舍，一般肉用种鸭每平方米2～3只为宜。

c. 运动：运动对鸭的健康、食欲、产蛋量都有很大的关系。运动分舍内与舍外两种，舍外有水陆两种形式。冬天在日光照满运动场时放鸭出舍，傍晚太阳落山前赶鸭入舍。冬天运动场最好要铺草。舍外运动场每天清扫1次。每天驱赶鸭群运动40～50分钟，分6～8次进行，驱赶运动切忌速度过快。舍内外要平坦，无尖刺物，以防伤到鸭子。舍内的垫草要每天添加，雨雪天气则不放鸭出舍；夏季天气热，每天5时或6时早饲后，将鸭子赶到运动场或水池内，让鸭自由回舍，天晴时可让鸭露宿在有弱灯光的运动场上。要在运动场上搭设凉棚遮荫。鸭得到了充足的运动，能保持良好的食欲和消化能力，产蛋率较高。

d. 种蛋的收集：母鸭的产蛋时间集中在后半夜3～4点钟，随着产蛋鸭的日龄的增长，产蛋的时间会往后推迟。舍饲的鸭如不采取清晨放出舍外的方法，到上午8点也产不完蛋。饲养管理正常，母鸭应在上午7点产蛋结束，到产蛋后期，则可能会集中在6～8点。蛋拾得越早则越干净，夏季气温高应防止种蛋孵化，冬季气温低要防止种蛋受冻，对初产鸭要训练在产蛋箱中产蛋，减少窝外蛋，被污染的种蛋不能作种蛋。有少数的鸭产蛋迟，鸭又在产蛋箱中过夜，这样使蛋变脏或被孵，影响到种蛋的正常孵化，因此，饲养员可在临下班前再拾一次蛋。种蛋收好后消毒入库，不合格的种蛋要及时处理。生产中可以根据种蛋的破损率、畸形率、鸭的产蛋率的多少及变化来检验饲养管理是否得当，及时采取有效的措施。

③种公鸭的管理：种鸭群中的公母比例合理与否，关系到种蛋的受精率。一般肉用种鸭公母配比为1∶4～1∶5，公鸭过少则影响受精率，可从备用公鸭中补充。公鸭过多也会引起争配而使配种率降低。还要及时淘汰配种能力不强或有伤残的公鸭。对种公鸭的精液进行品质检查，不合格的种公鸭要淘汰。公鸭要多运动，保持健康的体况，才会有良好的繁殖能力。

(4)种鸭的强制换羽：当气温升高到28℃以上或饲养条件差时，母鸭就会进行换羽。在换羽期间，绝大多数母鸭停产，少数母鸭虽能继续产蛋，但产蛋量减少，蛋品质较差，另外自然换羽的时间4～5个月。这时一边换毛一边产蛋，到立秋时身体极度疲劳，直到停产。为了缩短换羽时间，使母鸭提早产蛋，提高年产蛋量，降低成本，增加收入，对种鸭最好实行人工强制换羽。人工强制换羽一般只需要2个月左右的时间，换羽后的鸭子产蛋多、品质好，能达到较高的产蛋高峰。肉用种鸭的强制换羽的方法和时间均可参阅蛋用种鸭饲养管理部分。

3. 番鸭的饲养管理

番鸭肉质好,肉味鲜美且富有野禽肉的风味,因而受到消费者的欢迎;番鸭耐粗放饲养,适应性强,可水养、旱养、圈养、笼养和放牧饲养均适应,饲料报酬高。另外番鸭是生产肉鸭的理想亲本,可用番鸭与家鸭杂交生产骡鸭,具有很强的杂交优势。比如耐粗饲,增重快,肉质好,适于填肥,生产优质鸭肥肝,生产效益高。由于番鸭具有不同于家鸭的特殊的经济价值,近年来国内外都十分重视番鸭的生产,饲养量日益增加,在我国的大部分省份均有饲养,如福建、台湾、海南、广东、广西、江西、江苏、浙江、湖南等省地饲养的数量较大,尤其以福建省番鸭的饲养量最大。

(1)雏番鸭的饲养管理:雏番鸭是指出生后至4周龄的小番鸭,这个阶段饲养好坏是决定番鸭饲养成败的关键阶段。

①雏番鸭生长发育特点

a. 雏番鸭的体温调节机能较弱,难以适应外界温度的变化。因此,雏番鸭出壳后必须在育雏室内以较高的温度培育,第二周后可逐步降温,以后根据育雏季节的温度决定培育时间,冬春季节雏番鸭要到4周龄脱温。

b. 雏番鸭的消化器官容积小,消化能力差,但生长快,新陈代谢强烈。因此,在管理上应不断供水,喂给高蛋白质的饲料,以满足其生长需要。

c. 雏番鸭生长发育极为迅速。从出壳到10～11周龄上市时公番鸭活重平均在4.0～4.3kg,母番鸭活重平均在2.7～2.8kg。

②雏番鸭饲养管理要点

a. 出壳后的处理：刚出壳的雏番鸭，待毛干后拣出，尽快地转入育雏室，要求毛干一批转一批，尽量缩短逗留在摊床上的时间，使早出壳的雏番鸭及时饮水开食，以促进其生长发育。雏番鸭如要运到外地，则应出壳后即起运，因为刚出壳的雏番鸭体内未吸收尽的卵黄可满足雏番鸭短期内的营养需要。

b. 雏番鸭的运输：运输途中要提供适宜的温度和通气环境，以减小运输对雏番鸭的应激，装雏番鸭及运输的工具，在使用前要用甲醛熏蒸消毒。运输途中要随时观看雏番鸭的状况，检查温度是否适宜，观察呼吸是否正常，重点查看中间位置的雏番鸭盒，防止由于温度过高或氧气不足而出现闷死现象。

c. 雏番鸭初饮：雏番鸭的初次饮水，水温一般以 20～25℃为宜。饮水中添加 5%的葡萄糖，1g/L 电解质，1g/L 维生素 E，以及防止细菌性疾病的抗生素药物，连用 3 天。每天至少用干净水清洗饮水器 1 次，确保饮水器内随时都有清洁的饮用水。

d. 雏番鸭的饲喂：第一次供水 2 小时后开食。1～5 天采用小鸭破碎料，以后改为种鸭细颗粒料（直径 2～3mm），将饲料均匀撒在料盘上，要少量多餐，少给勤添，头 2 周自由采食，第三周每天喂 3 次，第四周每天喂 2 次，确保小鸭在睡觉前吃饱喝足。

e. 适时分群：雏番鸭进入育雏室后，管理人员要认真仔细地观察鸭群状况，根据观察到的情况进行相应处理，使雏番鸭尽快适应新的环境。观察的内容包括：活动情况、呼吸情况、消化情况、脱水程度、伤残情况、鸭群分布、饮水量及采食量等，挑选出伤残及弱小雏鸭，精心饲养，待恢复后放回鸭群。可根据出雏时间、体重大小、体质强弱分群，一般按强雏、一般雏、弱雏分 3

类。要把弱雏群安置在室内温度较高、接近热源的地方;也可以把弱雏放在室内特制的摊床上,使温度接近孵化后期的温度,使腹内卵黄还没有吸收完的“大肚脐”鸭继续吸收卵黄,提高雏番鸭成活率。

f. 断趾:断趾的目的在于防止番鸭之间互相打斗或交配时互相抓伤,番鸭断趾一般在 12 天左右进行。操作时,手术者左手抓鸭,右手拿剪刀,将 2 只脚的指甲剪掉。要注意在断趾前 2 天,每千克水中加 2mg 维生素 K,断趾前 1 天在饮水中加电解质,断趾后要连喂 2～3 天。断趾前铺上柔软的垫料,检查鸭群是否有咳嗽、病弱、死亡、采食量下降等不宜断趾的异常情况。断趾过程中要禁止穿堂风。断趾后要立即饲喂,观察鸭群的状况,挑出弱者安置在专用鸭舍内,淘汰无法康复者。在断趾后 24～48 小时内要加强保温。

g. 断喙:断喙的目的在于防止啄癖,避免鸭群的骚乱不宁,减少饲料浪费。番鸭断喙一般在第三周内进行,操作时,助手左手抓住鸭翅膀,右手托鸭胸部,手术者左手食指伸进鸭嘴并压住鸭舌,左手大拇指轻压在鸭头顶上,右手持经过清洗消毒的剪刀一次性断掉鸭上喙的一半喙豆,即完成断喙操作。也可用专用断喙器断喙。注意,断喙前 2 天至断喙后 3 天宜在饮水中添加维生素 K 和电解质。

(2)育成期的饲养管理:从第 5 周至第 24 周称为番鸭的育成期,育成期长达 20 周,是饲养番鸭种鸭的关键时间,育成期的好坏直接影响到种鸭的产蛋性能及种蛋的受精率。育成期的工作重点是控制种鸭的体重,使其按照番鸭的生长曲线健康成长,防止过肥或过瘦,并保持鸭群的良好均匀度。

①育成番鸭的生理特点：育成期的番鸭仍处于生长迅速、发育旺盛的时期，尤其是各类器官发育逐渐完成，功能逐步健全，骨骼、肌肉增长最多。但体重增长速度随日龄增加而逐渐下降，脂肪沉积增多，易引起过肥，对以后产蛋性能有很大影响，育成期的中、后期生殖系统开始发育至性成熟，要正确处理好“促”和“抑”的关系。

②育成期的营养需要：育成番鸭营养需要较低，5～12周龄的育成番鸭其日粮中蛋白质为15%，代谢能为11.3MJ/kg；13周龄至初产其日粮蛋白质为13%，代谢能为11.1MJ/kg。日粮中要增加粗饲料和青料，维生素和矿物质也应满足育成鸭的需要。钙、磷比例要合理，通常钙与有效磷之比以1.5∶1～2∶1为宜。

③育成期的饲养

a. 育成期的饲养要求：育成番鸭要求发育良好，健康无病，体重符合品种标准，脂肪沉积少而肌肉多，骨骼坚实，整个鸭群均匀一致。体重一致的鸭群，一般成熟期也较一致，达50%产蛋率后能迅速进入产蛋高峰，且持续时间长。反之，体重不整齐的鸭群，容易出现体形大的越来越大，小的则发育越趋迟滞，其结果是开产后产蛋率上升很慢，常常不能达到应有的产蛋高峰，且维持时间也很短，并急速下降。若番鸭体内脂肪沉积过多，会严重影响产蛋量，使钙的分泌机能发生障碍，易产薄壳蛋或软壳蛋，还会造成散热困难、产蛋时使肛门过度伸展而撕裂等情况。

b. 限制饲养：育成番鸭限制饲养的目的在于控制番鸭的体重，使其体重符合标准体重，在适当的周龄同时达到性成熟，集中开产（开产体重控制在该品种标准体重的中上水平为好），从而提高种鸭的产蛋性能，延长种鸭有效利用期。同时，限量饲喂可以节省饲料，提高饲料转化率，提高饲养种鸭的经济效益。限喂前逐只空腹称重，分为大、中、小三等，剔除病、弱、残个体。

④育成期的管理：育成期管理的工作重点是控制种鸭的体重，使其按照番鸭的生长曲线健康成长，防止过肥或过瘦，并保持鸭群的良好均匀度。

a. 分栏饲养：每栏饲养 200 只左右，15 周龄内公母鸭要分开饲养，从第 15 周开始按公母 1∶4～1∶5 的比例进行混群饲养。

b. 选择合适的密度：一般每平方米鸭舍可养 3～4 只育成期种番鸭。禁止完全一样的颜色但不同品系的种鸭相接触。设置坚实的隔离物，高度要求 1m。挑选出全部弱小鸭，放入专用的鸭舍精心饲喂，待康复后放回鸭群。

c. 称重：从第 5 周开始，每周末每群随机抽 5%～10%的鸭子称重，按照体重确定下周的投料量。

d. 光照要求：番鸭育成期光照只能减少不能增加，一般为 8～10 小时，光照强度为 10 勒克斯。

e. 选留合适比例的公母鸭：按 1∶4～1∶5 公母比选留公番鸭和母番鸭。

(3)产蛋期的饲养管理：番鸭是晚熟的肉鸭品种，开产日龄为 198 日龄(28 周龄)，产蛋率达 8%的日龄为 210 日龄。整个产蛋期分 2 个产蛋阶段，第一阶段为 28～50 周；第二个阶段为 64～84 周，在 2 个产蛋阶段之间有 13 周左右的换羽期(休产期)。

①产蛋期种番鸭的生活习性

a. 觅食能力强：产蛋番鸭在早晨叫得最早，闹圈最勤。放鸭时它们最先出来，觅食迅速而又敏捷、持久。休息时，仍在东啄西啄。喂食时响应快而又特别抢食。

b. 嘴刁：产蛋番鸭对饲料的要求较高，特别喜欢采食活的小鱼小虾，喜欢“闯群”。非产蛋期常吃的粗糙、粗纤维含量较高、营养不大好的饲料，产蛋期就不大喜欢吃了。

c. 胆子大，喜欢离群：番鸭具有一定的野性，胆子比较大。

d. 举止稳重、安详：在某种程度上可和怀孕家畜相比较。在夜间，进鸭舍后就安静地伏着，不乱跑乱叫。

②产蛋期种用番鸭的营养需要：良好的种蛋质量依赖于优质饲料和严格的卫生条件。饲料从 24 周开始将育成料转换成产蛋料，且从产第一枚蛋开始每周每只种番鸭增加 15g 饲料，直到产蛋高峰期的自由采食，采食量随着日粮能量浓度的提高而减少。能量与蛋白质需要量，产蛋期种番鸭日摄入代谢能在 1 811～2 093kJ，平均 1 986kJ；蛋白质日摄入量为 28.9～32.7g，平均 30g，产蛋量与能量、蛋白质的摄入量呈正相关。饲料蛋白质含量在 16.5%～18%时饲料利用率最好，蛋白质含量低于 15%时利用率较差。

③开产前的管理：种番鸭是否能够适时开产，开产时体重是否达标，直接关系到产蛋高峰期的来临及产蛋高峰持续时间的长短，同时，对种蛋的品质也有很大影响。因而，开产前数周的饲养管理对种番鸭的生产性能至关重要。开产前种番鸭的管理主要做好如下几项工作。

a. 适时转群：一般要求种番鸭在开产前数周（2～4 周）内转入产蛋舍，以利于番鸭有足够的时间来熟悉新的环境。转群时间大多在 24 周左右，如转群时间过迟，番鸭已经开产，在育成舍内随地产蛋，种蛋破损增加，合格率下降。转群应避开白天高温时间，最好在傍晚进行。如果育成番鸭采用网上平养，抓番鸭时应注意减少不必要的伤亡，转群时还应淘汰瘦弱、病残等无种用价值的番鸭。

b. 进行免疫注射预防：为了使种番鸭在产蛋期不受疾病侵袭，并保证后代雏鸭的健康，一般都在产蛋前按防疫程序进行一系列疫苗注射。

c. 增加光照：为了控制种番鸭的性成熟，生长阶段都采取了限制光照的措施，但要求自 24 周龄开始，逐渐增加光照时间和光照强度。

由于日照时间达不到要求的时间长度，必须补充光照。补充光照有早晨补光、晚上补光和早晚补光数种办法，一般认为采用早晚补光较好，这样可减少每天调整开关灯时间的麻烦，每天早上 5 点开灯至天明，天快黑时开灯至既定光照时数的钟点。

d. 改换产蛋日粮：从 24 周起，种番鸭的日粮应从育成日粮转换为产蛋日粮，并有 1 周的过渡期。将限饲调整为每天饲喂，喂料量适当增加。这是因为，增加光照后，番鸭的生殖器官发育加快，体重还在增加，同时又要为产蛋贮积营养物质，若喂料量不够，营养不能满足需要，会影响产蛋。同时，肉用种番鸭采食量大，容易过肥，会影响蛋的生产，所以应根据产蛋率的变化正确掌握喂料量，产蛋率上升期间，喂料量应逐渐增加，但不应增加过快。产蛋高峰期的日粮相当于自由采食的 90%～95%，产蛋高峰过后，喂料量应逐渐下调。在生产实际中，应根据体重标准，控制体重，以便最大限度地发挥番鸭群的生产性能。

④饲养与管理

a. 饲养技术要点:产蛋前应按种鸭的体型、体重、体尺的标准进行选留。一般开产前母番鸭体重 2.5～3.0kg,同龄公鸭 4.0～4.5kg,并按 1∶4～1∶5 的公母比例将多余公番鸭淘汰。分群饲养,种鸭以 200～300 只为一群,饲养密度为 3～4 只/平方米。鸭舍要注意通风,运动场以大为好,且要有林荫野草。种番鸭在产蛋期对粗蛋白需要量较后备种番鸭高,日喂 3 次。

b. 管理技术要点

合理分群:番鸭圈养分群时,要做到"三一致",即品种一致、日龄一致、体重一致,防止强弱混群,便于饲养管理。

圈养番鸭的四季管理:要根据四季气候变化,采取相应的管理措施。春季,天气逐渐暖和,是母番鸭盛产期,各种微生物也易滋生繁殖,因此,这段时间要对圈舍进行一次彻底消毒,清理垫料,以减少疾病发生的机会。同时要喂以含蛋白质和能量较高的日粮,以保证母鸭群以最快速度进入高产期。春季产蛋率要达 85%～90%左右。夏季,主要任务是防暑降温,可在运动场上搭遮阴的凉棚,早晚多喂料,中午少喂,不断供给清洁的饮水。这个季节产蛋率要保持在 75%～80%。另外,还应特别注意台风和雷阵雨对鸭群的袭击,一般台风前夕和台风过后鸭群产蛋率比正常下降30%～40%,需 7～10 天才能恢复;暴风骤雨对鸭群产蛋影响也很大,但 2～3 天就能恢复正常。秋季,约在 9 月中下旬产蛋率开始下降,产蛋率在 30%左右时,可进行人工强制换羽,过 1 个月左右,番鸭群又开始产蛋,是全年中第二个产蛋期。只要日粮水平满足要求,这个季节产蛋率仍可保持在 75%以上,直到翌年的 1 月份。冬季,主要是防寒保温,番鸭相对比较怕冷，有阳光的天气，应让鸭群在运动场上活动；营养要保持适当，使鸭群过冬不至于太过瘦弱，为春季产蛋打下良好基础。

不同产蛋期的管理：产蛋初期和前期的重点是提高饲料质量，适当增加饲喂次数，尽快把产蛋率推向高峰。产蛋中期保证高产稳产，要注意饲料营养浓度比上阶段有所提高，光照稳定略增加，日常操作程序固定，舍温在10～30℃。产蛋后期根据体重和产蛋率情况确定饲料的供给量，多放少关促进运动，保持环境稳定，适当添加鱼肝油及无机盐添加剂。

日常管理：周围环境中存在各种细菌，因此，我们要采取一系列措施防止病菌进入鸭舍，保护鸭群不受感染，舍外空地要干净平坦。各种污物污水粪便必须经排污系统排到指定地点，运送饲料的卡车要在专用的仓库卸车，料仓每3个月消毒1次。要保持生产区内绝对清洁，鸭舍内每次更换垫料后地面要打扫干净。转群后，鸭舍要消毒1次，进入场区的车辆需在有消毒剂的消毒池中消毒，每周对场区道路清洗消毒1次。

管理鸭群遵循先雏鸭后成鸭最后处理病鸭的顺序。定期除尘，垫料要保持干燥。每2周用碘液对供水系统管道消毒1次，饮用水也要消毒。不能把蛋堆放在潮湿高温环境中，每天清理脏蛋，不要让其经过贮蛋区通道口，死鸭应及时焚烧处理。鸭场内不得饲养其他家禽，防止其他野生动物进入鸭场，特别是老鼠。

c. 番鸭的强制换羽：番鸭在每年春末或秋末会自然换羽，如果营养不良、管理不善或气候剧变，也能促使其提前换羽。番鸭换羽时，若任其自然脱落后再行恢复，不但产蛋不整齐，而且管理不方便，所以养鸭户多在6月初，即当母鸭群产蛋率降低到30%左右、蛋重减轻时，开始进行强制换羽。强制换羽是人为地突然改变种用母番鸭的生活条件和习惯，使鸭毛根老化，在易于脱落时，强行将翅膀的主翼羽、副翼羽和角化羽拔掉，至于尾羽可拔亦可不拔，成功的换羽是提高番鸭产蛋量的有效措施。当番鸭的产蛋高峰期过后产蛋率下降到50%以下时需要做好换羽前的准备，第50周龄的第二天改用换羽饲料，停止光照，强制换羽前要注意观察鸭群状态，筛选出极瘦弱的鸭子。在生产中，养鸭户采用关蛋、拔羽和恢复3个步骤进行强制换羽。

关蛋：把产蛋率下降到30%的母鸭群关入鸭舍内，3～4天内只供给水，不喂料。或者在前7天逐步减少饲料喂量，至第8天停料只供给饮水，关养在舍内。这2种方法都可使用，以后1种较安全。鸭群由于生活条件和生活规律急剧改变，营养缺乏，体质下降，体脂迅速消耗，体重急剧下降，产蛋完全停止。此时，母鸭前胸和背部的羽毛相继脱落，主翼羽、副翼羽的羽根透明干涸而中空，羽轴与毛囊脱离，拔之易脱而无出血，这时可进行人工拔羽。

拔羽：拔羽最好在晴天早上进行。具体操作是：用左手抓住鸭的双翼，右手由内向外沿着羽毛的尖端方向，用猛力瞬间拔出来。先拔主翼羽，后拔副翼羽，最后拔主尾羽。公母鸭要同时拔羽，在恢复产蛋前，公母鸭要分开饲养。拔羽的当天不放水、不放牧，防止毛孔感染，但可以让其在运动场上活动。

恢复：鸭群经过关蛋、拔羽，体质变弱，体重减轻，消化机能降低，必须加强饲养管理，但在恢复饲料供给时不能操之过急，喂料量应由少至多，质量由粗到精，经过7～8天才逐步恢复到正常饲养水平，以免因暴食招致消化不良。拔羽后第2天开始放水，加强活动。拔羽后25～30天新羽毛可以长齐，再经3周后便恢复产蛋。所以在拔羽后20天左右开始加喂动物性饲料。

在对种番鸭进行人工强制换羽之前，需要对鸭群进行严格的筛选，挑出瘦弱的鸭，淘汰无法再利用的鸭，整个换羽期间也要坚持挑选，挑出的鸭放入专用舍中进行精心饲养，待康复之后再放回鸭群。

d. 防止母番鸭的抱窝

抱窝的判断：抱窝是母番鸭的一种生理特性，在临床上表现为停止产蛋，生殖系统退化，骨盆闭合，形成孵化板，鸣叫，在产蛋箱内滞留时间延长，占窝，采食减少，羽毛变样。鉴别抱窝的标准是在产蛋箱滞留时间长，在产蛋箱中出现争斗现象。确定番鸭抱窝的最佳时机应该在下午3～4时。易形成抱窝的条件有饲养密度过大，产蛋箱太少，光照分布不均匀或较弱，温度不适，采食不足，捡蛋不及时等。开始出现抱窝的时间一般是第一产蛋期的3～9周，第二产蛋期的4～5周。出现首批抱窝鸭1周后(抱窝率2%～10%)，抱窝率平均以3倍速率增加，整群食量减少10%左右。

解除抱窝的方法：目前最有效的方法是定期转换鸭舍，第一次换舍是在首批抱窝鸭出现的那周(或之后)。在夏季，产蛋群的2次换舍的间隔平均为10～12天，春秋季则为16～18天，换舍必须在傍晚进行，把产蛋箱打扫干净，重新垫料，清扫料盘。加强饲养管理，尽量消除引起抱窝的不利条件。

五、怎样做好鸭肥肝的生产

(一)鸭肥肝的营养价值和经济价值

1. 营养价值

鸭肥肝是用发育良好、体格健壮的鸭,经人工强制填饲玉米等高能量饲料,快速育肥,促使肝脏大量积贮脂肪,形成特大的脂肪肝,是一种科技含量高,附加值高的鸭产品。这种特殊的肥肝比正常的肝要大 3～5 倍,甚至 8 倍以上。肥肝质地鲜嫩,脂香醇厚,味美独特,营养丰富,滋补身体。肥肝含蛋白质 9%～12%、脂肪 40%～50%,其脂肪酸组成:软脂酸 21%～22%,硬脂酸 11%～12%,亚油酸 1%～2%,16-稀酸 3%～4%,肉豆蔻酸 1%,不饱和脂肪酸 65%～68%,还含有卵磷脂 4.5%～7%,脱氧核糖核酸和核糖核酸 8%～13.5%,与普通的鸭肝相比,卵磷脂高 4 倍,核酸高 1 倍,酶的活性高 3 倍多,还富含多种维生素、微量元素及磷脂。肥肝中含有大量对人体有益的不饱和脂肪酸和多种维生素,可降低人体血液中胆固醇,减少类固醇物质在血管上的沉积,减轻和延缓动脉粥样化形成,而且亚油酸为人体所必需，在人体内不能合成，因此肥肝最适于儿童和老年人食用；卵磷脂是当今国际市场保健药物中必不可少的重要成分，它具有降低血脂，软化血管，延缓衰老，防治心脑血管疾病发生的功效。由于肥肝含有诸多对人体有利的元素，是国际市场上畅销营养食品之一，被誉为世界“绿色食品之王，三大美味之一(鱼子酱、地下菌块和肥肝)”。

2. 经济价值

在欧美发达国家，肥肝是餐桌上的一道美味佳肴。法国是最大的肥肝需求国和肥肝制品出口国，法国市场上的年贸易量约 7 000 吨，其中该国生产约 5 400 吨，需求进口 1 600 吨左右。法国国内肥肝消费量是 4 400 吨，向其他国家出口销售约 2 600 吨。随着社会经济的发展，市场范围的迅速扩大，消费群体的快速增加，人们对肥肝的需求十分强劲。近年来日本也掀起了肥肝的消费热潮，日本可能在将来的几年中发展成为世界肥肝消费第二大国。美国、加拿大、澳大利亚、韩国等国家也加入肥肝的消费行列，由此可见肥肝的需求量非常大。世界上肥肝总产量大约 10 000 吨，还有 4 500 吨的缺口。随着我国改革开放的不断深化，肥肝的消费将迅速增加，市场迹象表明，无论是鲜冻肥肝还是肥肝酱产品，中国市场还是一块未开发的空白地，而这是大力开发、发展肥肝生产的大好商机。我国加入 WTO 后，在客观上就为开拓肥肝的国际市场提供了方便，广阔的国内市场也有待开拓。我国拥有 13 亿多人口，就以 2 000 万人口是高消费阶层来算，每人每年消费 1 只肥肝，则需 10 000 吨才能满足。可见肥肝销售市场空间广阔。

目前,冷冻肥肝只有15～20美元/kg,一听1 000g重的肥肝酱售价高达200美元,加工利润极高。一个年加工能力设计为60吨的肥肝酱加工厂,按每kg出厂价80美元计,其产值480万美元,利税300万美元以上,具有极可观的经济效益。

而且鸭的育肥工艺简单,便于大量生产。生产鸭肥肝价值不小,不但可以得到主产品肥肝,还可得到鸭肉、鸭毛和血等副产品,而血能加工成血粉,又是极好的猪、鸡、鸭的精饲料。

正是由于肥肝质地细嫩,营养丰富,鲜嫩味美,味道独特等特点,使肥肝生产成为一种新型的禽产品。目前用于肥肝生产的鸭品种主要是番鸭、半番鸭。

(二)填肥鸭的选择

1. 填肥鸭品种的选择

鸭肥肝的大小是多种因素相互作用的结果,其中鸭种群质量是首要因素,肉用性能越好,体型越大的鸭种,肥肝平均重越大,而兼用型次之,蛋用小型鸭种通常肥肝较小,一般不用来生产鸭肥肝。因此培育肥肝鸭应选择生长速度快和抗病力强的品种,比如肉用型的樱桃谷鸭、番鸭、北京鸭、靖西大麻鸭,兼用型的昆山麻鸭、高邮鸭、巢湖麻鸭、固始鸭等品种。大量填饲实验证明部分纯种鸭存在不耐填饲的缺陷,时间长了伤残率高,使得填饲时间过短,肥肝产量低;杂种生活力强,填饲期可长些。有些养殖户就采用杂交肉用型品种作为填饲的对象,比如以番鸭为父本,我国地方产蛋率高的鸭种为母本进行杂交,产生的后代鸭，它们具有高抗病性，生长速度快，饲料转化率高等特点，使杂交优良后代成为生产肥肝的首选品种。

2. 体重

不同的鸭种生长发育规律不一样，一般填饲体重宜在2.5kg以上。体重较小的鸭发育年龄相对较短，生长发育过程中消耗养分相对较多，养分能转化为脂肪在肝脏中沉积的部分就较少，而且体重小的鸭胸腹部容量、食道容积较小，能填饲的饲料较少，肝脏可增大的空间也小，生产的肥肝当然就小。

3. 性别和年龄

鸭的性别对肝脏重影响较小，鸭的性别不限，公母均可填饲，但一般公鸭的肥肝形成效率高于母鸭。母鸭由于分泌雌激素，比公鸭易肥，母鸭又娇嫩些，耐填性和抗病力比公鸭差。

不管是何品种开填时都要基本达到体成熟，此时吸收的养分不需用于一般体组织的生长，除了维持需要外，其余部分较多地用于转化成脂肪沉积，同时胸腹腔较大，消化能力强，肝细胞数量较多、肝脂肪合成酶的活力较强，有利于填肥，利于鸭肥肝增大。日龄大些的鸭耐填性能好，体重在2.5kg以下的鸭用于填肥，伤残大，成功率小。一般开填日龄在70～90日龄，早熟品种、体况好的品种开填日龄可短一些，晚熟、体瘦的品种开填日龄可大些。填饲过早，体重小，体格发育不健全，身体稚嫩，经不起强制填饲，伤残鸭多，肥肝产量低，质量低。填饲过迟，耗料多，经济效益低。在鸭成熟后应选择发育良好，生长整体，健康无病，最好颈粗短，胸宽体长、胸腹部容量大的鸭用于填肥，以减少在填肥过程中出现不良个体,保证肥肝产量、质量和产率。成年和老年鸭同样可以用来生产肥肝,但常常需将成年或老年鸭在填饲前进行一段时间的科学饲养,使体格健壮需要预饲 2～3 周。

4. 肉仔鸭品质

肉仔鸭的品质直接影响鸭肥肝的产量和质量。在待填鸭的培育上,大多采用公司加农户的方式放养,即由公司提供鸭苗、饲料、兽药、技术服务等,按约定天数论只或斤回收。回收来用于填饲的肉仔鸭,由于来源不同,体况有一定差异,需预饲 3～4 周,使肉仔鸭更加健壮便于填饲。也有少量的个别企业建立自己的肉鸭示范场,这对肥肝生产的计划性有一定保证。个别企业采用密闭式饲养种鸭,通过人工控制小环境,实现种鸭的反季节生产,这为鸭肥肝全年均衡生产、上市创造了先决条件。

(三)填饲饲料的调剂

1. 填喂饲料的选择

鸭肥肝填喂饲料主要是用高淀粉的糖类饲料,而玉米作为能量之王,容易转化为脂肪,是生产肥肝的最理想饲料。原因一是玉米含氮浸出物高达 72%,其中主要是容易消化的淀粉,而粗纤维含量仅为 2%;二是粗脂肪含量高,一般为 3.5%～4.5%,是小麦或大麦的 2 倍。玉米含亚油酸较高,如果玉米在配合饲料中达 50%以上,就可满足动物对亚油酸的需要。陈玉米的水分含量少，胆碱含量低，有利于脂肪在肝中沉积，形成肥肝。研究试验证明，用玉米做填饲饲料，生产的肥肝重量均比用稻谷、大麦、薯干作饲料的高。玉米组的平均肥肝重量比稻谷高20%，比大麦组高31%，比薯干组高45%，比碎米组高27%。

2. 饲料调制方法

因为玉米粉碎后部分成为粉状，不利于操作，而且容易造成浪费，以黄玉米颗粒料生产肥肝的效果最好。颗粒玉米经过加工后方便填饲而对鸭食道的刺激减少，常用的加工方法有4种：

(1)炒玉米法：将过筛除去混杂物的玉米放入铁锅中用文火不停翻炒，直至玉米粒颜色变为深黄色，八成熟为宜，切忌炒熟、炒糊。炒完后装袋备用，填饲前用温水浸泡1～1.5小时，直至玉米粒表皮展开为宜。随后沥干水分，加入0.5%～1%的食盐，搅匀后填饲。

(2)煮玉米法：把过筛除去混杂物的玉米倒入开水锅中，使水面浸没玉米5～10cm，煮3～5分钟，捞出沥干水分。每千克玉米经煮熟后重量为1.2～1.3kg。然后趁热加入占玉米重量1%～2%的猪油和0.5%～1%的食盐，充分搅拌均匀即可用于填饲。

(3)蒸煮法：先把玉米放在容器里浸泡3～4小时，在浸泡时要搅拌几次，清除漂浮的杂物和空粒，再放入锅里蒸煮15分钟，待玉米柔软可剥开即可捞出冷却，加入1.0%～1.5%的食盐，1%～2%的植物油充分拌匀备用。

(4)浸泡法：将过筛除去混杂物的玉米粒置于冷水中浸泡24小时，随后沥干水分，加入0.5%～1%的食盐和1%～2%的动(植)物油。

上述加工玉米的 4 种调制方法相比较,以浸泡法最为经济且简便易行。在填肥试验和生产中,用于填饲的玉米加油与不加油均能取得良好效果,但加油可增加填料中的热能和润滑度。为了减少应激,通常在填饲前 1 周的日粮中加入维生素 A 和维生素 C。同时还应在饲料中加点消化酶制剂和抗生素 0.5%。

(四)填饲的方法

1. 填饲量

填饲量是生产肥肝的关键,直接关系到肥肝的增重和质量,填饲量不足,脂肪主要沉积在皮下和腹部,形成大量的皮下脂肪和腹脂,而肥肝增重慢,肥肝质量等级低;填得过多,影响消化吸收,填饲量又不得不降下来,对肥肝增重不利,还容易造成鸭的伤残。填饲量应由少到多,逐渐增加,直至填饱,以后维持这样的水平。填饲前应先用手触摸鸭的膨大部,了解消化情况,如已空,说明消化良好,应适当增加填饲量;如食道膨大部有饲料积贮,说明填饲过量,消化不良,应用手指帮助把积贮的玉米捏松,以利于消化,并适当减少填饲量。如因填料量过多等原因造成食道损伤,连续几天食道中玉米还未消化,应立即宰杀淘汰。鸭的填饲量因品种和个体而存在差异,北京鸭等大型肉鸭一般日填饲量 500～600g,建昌鸭等小型鸭一般日填饲量为 400～500g。填完料后,如鸭精神良好,活动正常,展翅高叫,喜爱饮水,说明填料合适;如果鸭拼命摇头,欲将玉米甩出,说明量太多。

2. 填饲操作方法

填饲操作方法分为手工填饲和机械填饲。

(1)手工填饲:填饲人员用左手握住鸭头并用手指打开喙,右手将玉米粒塞入口腔内,并由上而下将玉米粒捻向食道膨大部,直至距咽喉约 5cm 为止。也可以用管子和漏斗制成进料器,将管子末端直接插入到食道膨大部,然后在漏斗中加入玉米,用棒子将玉米直接推入食道膨大部。此进料器外壁和底端光滑,防止划伤食道。手工填饲费力费时,目前,国内外已采用填饲机代替手工强制填饲,大大提高了劳动生产率,填饲量多而均匀,适宜肥肝批量生产的需要。

(2)机械填饲:一般需要两人配合,协同操作。先将调制好的饲料倒入填饲机的料斗中,然后把填饲鸭驱赶到填饲室的一角,用围篱圈定,助手将填鸭捧到填饲机前的一侧坐下,把填鸭放在填料管下的固禽器上,两手的大拇指紧紧按住填鸭的两翅,其余四指抱住鸭体,不让其挣脱并迫使鸭的两腿向后伸。填饲员坐在填饲机前,开填时,先用食用油涂抹填料管,使其润滑,然后用右手抓住鸭头,拇指和食指轻压鸭喙基部两侧,迫使鸭嘴张开,接着左手食指伸进鸭的口腔内压住舌基部,将填料管插入口腔,沿咽喉、食道直插至食道膨大部。此时,填饲员左手固定鸭头,左脚踩动填饲开关踏板,螺旋推动器运转,玉米从填饲管中向食道膨大部推进,填饲员左手仍固定鸭头,右手触摸食道膨大部,待玉米填满时,边填料边退出填饲管,自下而上填饲,直至距咽喉约 5cm 为止,左脚松开脚踏开关,玉米停止输送,将咽部慢慢从填饲管中退出。

注意事项：①插管时必须小心，填饲管插入口腔后，应顺势使填饲管缓慢通过咽喉部和食道部，如感觉有阻力，说明方向不对，应退出重插，要随时推拉颈部使其伸直，以保证填饲管顺利进入。在整个填饲期间，每只鸭需要插管 28～42 次，甚至更多，任何一次疏忽和粗心，都会给鸭造成伤害，伤残率增高。填饲时应注意手脚协调并用，脚踩填饲开关填饲玉米应与鸭食道从填饲管中退出的速度一致，退慢了会使食道局部膨胀形成堵塞，甚至食道破裂；退得太快又填不满食道，影响填饲量，进而影响肥肝增重。当鸭挣扎颈部弯曲时，应松开脚踏开关，停止送料，待恢复正常体位时再继续填饲，以避免填饲事故发生。

②在填饲过程中，鸭用嘴吸气时，可能使玉米进入喉头，导致窒息。玉米突然进入气管的症状是呼吸时发鼾声或鸣声，此时应将鸭放在桌上，使头向下垂，牢固地将鸭体固定住，术者即开始探找玉米粒，从颈部的中段起，直到胸部的入口处，拇指和食指猛烈挤压气管，可使玉米上升一些，大玉米粒可以在手指间感觉到，这时，左手应该按住玉米粒，右手打开鸭口腔，设法将玉米抖出来。如果抖不出来，可以突然地，但不持续地挤压鸭颈，迫使鸭咳嗽，在这一瞬间，设法移动玉米位置，玉米可以随气流的力量排出。

③饲料不应过分结实地堵塞食道，因为这会引起食道破裂。鸭在前期经过锻炼的食道，可容 300～600g 玉米，这是获得大肥肝的重要因素之一。但应考虑到这是机体生理负担的极限，不能再加大了。传送玉米的螺旋推进器应比供料管短 3～4mm，预防食道受伤。但不能太短，以免湿润玉米形成堵塞，无法供给

饲料。

3. 填饲次数和时间

在正式填饲前，应该有一个预饲期，是从仔鸭到填饲鸭的过渡阶段，时间长短不一。如果仔鸭放牧饲养，预饲期应略长一些，使鸭逐步适应新的填饲环境；如果是圈养仔鸭，预饲期可略短些。一般预饲期3～7天。在这个过程中，要做好三件事：停止放牧，全部采用圈养；全部喂精料，以玉米为主；预饲期后几天，可开始适应性填饲；一般每天填1～2次，填量较少，为正式开填作好适应性过渡。

填料量应循序渐进，当其适应后应尽量多填、填足。填饲期时间一般2～4周，鸭期比鹅期短，具体长短视品种、消化能力、增重而定，特别是肥育成熟与否而定。纯种不耐填，时间长了伤残率高，填饲期应短些；杂种生活力强，填饲期可长些。

填饲次数关系到日填饲量，进而影响到肥肝增重。填料次数太少，填料量不足，肥肝增重慢；填饲次数太多会影响鸭体的休息和消化吸收，给饲养管理工作带来不便，也不利于肥肝增重。应根据鸭的消化能力，掌握每次填料到下次填料以前，食道正好无饲料为宜，但又要填饱不欠料。一般鸭每天填3次。

一般操作时间及次数如下：

①第一周或1～5天，每天2次，每次100～200g，时间是7时和17时。

②第二周或6～14天，每天3次，每次150～250g，时间是7时、14时和21时。

③第二周以后，每天4次，每次200～300g，时间是7时、12

时、18时和23时。

填料时间应准时、有规律，不得任意提前或延后，以免影响肥肝生长或引起应激。填饲期的长短根据鸭的生理特点和鸭肥肝增重规律，一般填3～4周。具体时间还得根据品种、消化能力、增重情况而定。

(五)填饲鸭的管理

1. 饲养环境

肥肝生产不宜在炎热的季节进行。填饲季节的最适温度为10～15℃，在20～25℃尚可进行，超过25℃以上则不适宜，因为填饲时用的填肥料是高能量饲料，鸭的皮下积贮着大量脂肪，不利于体内热量的散发，故环境温度不宜过高。相反，填饲鸭对低温的适应性较强。在4℃气温条件下对肥肝生产无不良影响，即使环境温度低于0℃时，只要做好防冻工作仍可填饲，生产肥肝。但是在低温下，填肥鸭需要消耗更多的能量来维持自身的需要以及抵抗低温。

舍内地面平坦、无硬物，适当垫草，要保持垫草干燥，防止潮湿，通风良好，空气新鲜，清洁卫生，为鸭提供一个良好的休息环境。填饲后期，肥肝已延伸到腹部，如圈舍地面不平，极易造成肝脏机械损伤，使肥肝局部淤血或有血斑，影响肥肝的质量。舍内光线宜暗，保持环境安静，适当活动，限制下水洗浴，减少惊扰，使鸭得到充分休息，减少能量消耗，利于肥肝生长。

填饲鸭应实行小圈饲养，尽量限制填饲鸭的活动，减少其能量消耗，加速填饲鸭的肥育和肝内脂肪的沉积。舍内要围成小群，每小群养鸭不超过 20 只，饲养密度为 3～4 只/m^2。如果采用笼养，可以防止鸭群间的挤压等问题。也可以将鸭养在双层个体笼内，这样可以减少抓鸭过程中出现的堆积、挤压、惊群等所造成的伤残，而且方便捕捉，节省劳力。但笼养则加大了资金投入。

2. 疾病防治

在预饲期开始时进行疫苗接种免疫和驱虫，饲料中适当添加有防治疾病、增强抵抗力、促进生长的药物。常用的有土霉素、金霉素、青霉素、呋喃唑酮、敌菌净等，尤以土霉素用得最为普遍，它的性能稳定，抗菌范围广，其用量占日粮的 0.01%～0.05%。但是要注意，使用抗生素会在鸭体内残留或产生耐药性，因此一定要注意添加的剂量，并在正式填饲或者填饲前期停止饲喂。强制填饲前 1 周注射禽霍乱菌苗，并做好驱虫工作。在填饲期间，如果发现其他疾病的鸭只，需对其治疗康复才能继续填饲。

3. 平时观察和检查

由于鸭在填饲期间体重的迅速增加和肥肝的逐步形成，填饲时驱赶鸭应缓慢，防止相互挤压碰撞，防止惊吓，减少对鸭的惊扰，捕捉时轻提、轻放；在填饲期间，每次填饲时应检查鸭的状况，如用手抚摸感到鸭翅膀下皮肤松散，有皮下脂肪形成，食道没有积食，说明消化正常，填饲量适当；如发现食道还有积食，说明填饲量过多，应减少或停填 1 次；如发现皮肤很紧，没有皮下脂肪形成,食道中又无饲料,说明填饲料过少,应增加用量。若发现消化不良时,每次可服一些有助于消化的辅助药。在填饲过程中,供应充足饮水,水盆或水槽要经常清洗,保持随时都有清洁水供饮用。但在填料后半小时内不能让鸭饮水,以减少它们甩料。

平时仔细观察鸭群的精神情况,特别是填饲 10 天后,根据具体情况决定是否紧急屠宰,减少损失。一旦发现呼吸极端困难、不能或很少行走、严重滞食、眼睛凹陷、嘴壳发白者应随时屠宰。饲料基本不见消化或者停填滞食 3 天以上的要屠宰。另外,填喂期如果观察到有已成熟者可先屠宰。相反,已到既定填喂期但未成熟者可适当延期。

(六)适时屠宰

填饲期时间一般 2～4 周,鸭填饲期相对于鹅要短,具体长短视品种、消化能力、增重而定,特别是肥育成熟与否而定。纯种不耐填,时间长了伤残率高,填饲期应短些;杂种生活力强,填饲期可长些。由于个体间存在差异,有的早熟,所以生产肥肝与生产肉用仔鸭不同,不能确定统一的屠宰期。填饲到一定时期后,应注意观察鸭群,分别对待,成熟一批,屠宰一批。成熟的特征为:体态肥胖,腹部下垂,两眼无神,精神萎靡,呼吸急促,行动迟缓,步态蹒跚,跛行,甚至瘫痪,羽毛潮湿而零乱,出现积食和腹泻等消化不良症状,此时应及时屠宰取肝,否则轻则填料量减少,肥肝不但未增重,反而萎缩,重则死亡,给肥肝生产带来损失。对精神好,消化能力强,还未充分成熟的可继续填饲,待充分成熟后屠宰。

(七)肥肝鸭的运输

填肥鸭在肥肝成熟时,肝脏脂肪沉积较多,肥肝较大,而且长时间超额营养,新陈代谢不正常,肥肝压迫影响呼吸系统的功能,体质很弱,活力较差,经不住长途和不舒适的运输,最好就是采用就地屠宰、取肝,以保证肥肝的完整,提高肥肝的等级。但是一般的养殖户,没有取肝的经验和条件,故只能将鸭运输到工厂进行肥肝的采取。故在运输前应该停止强制填饲 6 小时以上,在驱赶、捕捉过程中所有的动作都要敏捷谨慎,以免鸭体和肥肝受损。在运输过程中必须小心谨慎,以免在装运过程中死亡或肥肝淤血,装运的笼子垫草应铺厚些,汽车运输平稳行驶,防止颠簸,装卸时应双手提住鸭的双翅,轻提轻放。

(八)屠宰取肝和产品保存

肥肝是珍贵的食品,其质量不仅与填饲技术有关,而且受屠宰加工技术的影响也很大。屠宰取肝及保存是肥肝生产的最后工序。为了避免肥肝的损伤,整个加工过程都要细心操作。

1. 宰杀

宰杀之前,应将填肥鸭停食 12 小时,但要供给充分的饮水以便放血充分,尽量排净肝脏淤血,以保证肝脏的质量。宰杀时,抓住鸭的两腿,倒挂在屠杀架上,使鸭头部朝下,采用人工割断气管和血管的方式放血。一般放血的时间为5～10分钟。如放血不充分，肥肝淤血影响其质量。

2. 浸烫

放血后立即浸烫，烫毛的水温一般为65～70℃，时间3～5分钟。水温过高、时间过长，鸭皮容易破损，严重时可影响肥肝的质量；水温太低又不易拔毛。屠体必须在热水中翻动，使身体各部位的羽毛都能完全湿透，受热均匀。

3. 脱毛

使用脱毛机容易损坏肥肝，因此一般采用手工拔毛。拔毛时将鸭体放在桌子上，趁热先将鸭胫、蹼和嘴上的表皮捋去，然后左手固定鸭体，右手依次拔翅羽、背尾羽、颈羽和胸腹部羽毛。然后将鸭体放入水池中洗净。不易拔净的绒毛，可用酒精灯火焰燎除。拔毛时不要碰撞腹部，也不要将鸭体堆压，以免损伤肥肝。

4. 预冷

刚褪毛的鸭体平放在特制的金属架上，背部向下，腹部朝上，放在温度为0～4℃的冷库中预冷10～18小时。不预冷就取肝会使腹部脂肪流失，还容易将肝脏抓坏。因此应将鸭体预冷，使其干燥、脂肪凝结、内脏变硬而又不冻结才便于取肝。

5. 破腹取肝

将预冷后的鸭体放置在操作台上，腹部向下，尾部朝操作者。用刀从龙骨前端沿龙骨脊左侧向龙骨后端划破皮脂，然后用刀从龙骨后端向肛门处沿腹中线割开皮脂和腹膜，从裸露胸骨处，用外科骨钳或大剪刀从龙骨后端沿龙骨脊向前剪开胸骨，打开胸腔，使内脏暴露。胸腔打开以后，将肥肝与其他脏器分离，取肝时要特别小心。操作时不能划破肥肝，分离时不能划破胆囊，以保持肝的完整。如果不慎将胆囊碰破，应立即用水将肥肝上的胆汁冲洗干净。操作人员每取完 1 只肥肝，用清洁水冲洗一下双手。取出的肥肝应适当整修处理，用小刀切除附在肝上的神经纤维、结缔组织、残留脂肪和胆囊下的绿色渗出物，切除肝上的淤血、出血斑和破损部分，放在 0.9％的盐水中浸泡 10 分钟，捞出沥干，放在清洁的盘上，盘底部铺有油纸，称重分级。正常肥肝要求肝叶均匀，轮廓分明，表面光滑而富有弹性，色泽一致为淡黄色或粉红色。优质肥肝要求质地柔软，没有破损，血斑色泽淡黄，肝重为佳品。

6. 鸭肥肝分级

肥肝品质的优劣可根据重量和感官评定分级。一般的重量分级是：特级肝脏重量 600～900g，一级肥肝 350～600g，二级肥肝 250～350g，三级肥肝 150～250g，150 克以下为级外肝（瘦肝）。现在国内批量生产的鸭肥肝以一级居多。

优质肥肝感官评定标准是色泽为浅黄色或粉红色，内外无斑痕，色泽一致；组织结构应表面光滑，质地有弹性，软硬适中，无病变；有独特的芳香味，无异味。良好肝呈灰白色，大而结实；合格肝白色，大而质软；废弃肝呈白色，有淤血或血斑；癌变肝呈苍白色，肿大而质硬，或有大小不等的癌瘤病灶。

7. 产品保存

将洗净且在0.9%盐水中浸泡过的鲜肝用二氧化碳或氮气等惰性气体充气，最后包装放置在2℃左右贮藏，即可保鲜。如果立即销售或者运到加工场生产肥肝酱的鲜肝，可以用饮水制的碎小冰块先铺一层，加上一层油纸，然后才放上一层肝。每箱以三层碎冰块夹两层肝为宜。每箱肝重不超过20公斤，然后才放上在0～4℃的温度下，保存期不应超过三天。也可把分级后的肥肝放在－28℃条件下速冻，包装后放在－18～－20℃条件下，可保藏2～3个月。

★成功实例

山东中澳农工商集团有限公司是一家具有进出口权的股份制企业，下设中澳饲料有限公司、中澳食品科技有限公司、中澳包装制品有限公司、东渡畜禽公司四个控股子公司和三个参股企业。集团集种鸭饲养、鸭苗孵化、肉鸭饲养、饲料加工、技术服务、屠宰加工于一体，是农业产业化国家重点龙头企业，国家扶贫龙头企业。与同类生产厂家相比，中澳集团虽然起步晚，但起点高，设备先进，出口肉鸭养殖基地建设配套。

鸭肥肝是该公司5大产品系列之一。该公司拥有自己的种鸭场，每年饲养大批肉鸭，进行屠宰、分割。在屠宰前挑取生长速度快、抗病力强、体型大、脖子粗短、胸腹较大的个体用于生产鸭肥肝，其余作为普通肉鸭进行淘汰。该公司将挑选出的肉鸭在填饲前1周注射禽霍乱菌苗进行免疫，同时驱虫，在饲料中添加少量的土霉素来防治疾病、增强抵抗力。该公司是用煮玉米法对饲料进行调制，采用机械填饲的方法进行填饲。在填饲期间，预填饲期 5 天，一天 2 次，每次 150g 左右，时间为 7 时和 17 时；正式填饲期为 21 天，前 1 周内每天 3 次，每次 200g 左右，时间是 7 时、14 时和 21 时；在后 2 周，每天 250g 左右，时间 7 时、12 时、18 时和 23 时。每次填饲的鸭群顺序一致，以确保填料时间准时、有规律，减少了应激。在填饲期间保持舍内地面适当垫草，保持垫草干燥，防止潮湿，通风良好，空气新鲜，清洁卫生，保证清洁水的供应，并保持舍内安静，防止惊群。平时做到仔细观察，时刻注意填饲鸭的状况，及时作出相应对策，对那些在填饲过程中损伤的个体及时屠宰减少损失。每次填饲时，确认上次填饲量是否适合，及时作出调整。当肥肝成熟时，将填饲鸭运输到该公司的屠宰加工厂，进行肥肝的分割。

该公司生长肥肝的鸭大约每只可生产肥肝 450g 左右，如以 140 元/kg 来计算，大约 63 元，而在填饲期消耗玉米每只约 15kg，以 2 元/kg 来计算，则大约需要成本 30 元，每只可赚 33 元，以两个人每次饲养 200 只，肥肝生长成功率 80%，则赚 5 280 元，除去两人工资及其他费用，大约赚 2 500 元，这只需要 1 个月的时间。如果以该公司每次 25 个组合，每年春秋两季度(6 个月)来算，则营利近 37.5 万元。由此可见肥肝的生产利润是可观的。

六、怎样做好家庭养鸭场的疾病防治工作

(一)疾病的预防措施

1. 鸭场的消毒

鸭场是饲养鸭群的场所,为了保证鸭群的健康,必须经常消毒。鸭场一般半个月或1个月消毒一次,在春秋季节或鸭出栏后应对鸭场进行彻底的清扫、消毒。鸭场的消毒工作一般分两步进行。

(1)清扫与刷洗:机械清扫是搞好鸭场环境卫生的最基本的一种方法,在清除污物的同时,大量的病原微生物也被清除。为避免尘土及微生物飞扬,清扫时应先用水喷洒,然后对鸭场进行清扫,扫除的污物可通过烧毁或生物热发酵来处理。污物清除后,如是水泥地面的场舍,还应再用清水进行洗刷。

(2)消毒药喷洒:鸭场清扫、洗刷干净后,即可用消毒药进行喷洒,喷洒消毒时,消毒液的用量一般是每平方米1～2L。鸭场常用的消毒液有20%石灰乳溶液、30%草木灰溶液、1%～4%

氢氧化钠溶液、5%～20%漂白粉溶液、3%～5%来苏儿溶液等。喷洒消毒作用1～5小时，再用清水冲洗一次。

此外，在鸭场设计的消毒池（槽）里面盛放有2%氢氧化钠溶液或5%来苏儿溶液浸泡的草包，以便人、车进出时进行鞋底和轮胎的消毒。消毒池的长度不小于轮胎的周长，宽度与门宽相同，池内消毒液应注意添换，使用时间最长不要超过1周。

2. 鸭舍及用具的消毒

鸭舍及用具的消毒的目的是消灭在外界环境中的病原微生物，它通过切断传播途径来预防传染病的发生或阻止传染病继续蔓延，是一项重要的防疫措施。

(1)鸭舍的消毒：鸭舍在消毒前应清扫排泄物、分泌物、垫草等，并冲洗干净后才能消毒。往往是鸭场、鸭舍的冲洗、消毒同步进行，但鸭舍的消毒方法与鸭舍有异同。鸭舍常用的消毒方法有以下几种。

①喷洒消毒：消毒液的用量一般是每平方米1L，泥土地面可适当增加。消毒时应按一定的顺序进行。一般从离门远处开始，以地面、墙壁、棚顶的顺序喷洒，最后再将地面喷洒一次，喷洒后应将鸭舍门窗关闭2～3小时，然后打开门窗通风换气，再用清水冲洗饲槽、地面等，将残余的消毒剂清除干净。鸭舍常用消毒液有1%～4%氢氧化钠溶液、5%～20%漂白粉溶液、0.2%～0.5%过氧乙酸溶液等。

②熏蒸消毒：常用的方法是福尔马林熏蒸消毒，此法的优点是熏蒸药物能分布到房舍内各个角落，消毒效果较全面，而且省工省力。但要求鸭舍的门窗能关闭密封，且消毒后有较浓的刺

激气味，鸭舍不能立即启用，在使用前必须开启门窗，使刺激气味挥发后再使用。用药剂量和方法是：每立方米用甲醛 25ml，高锰酸钾 25g 或生石灰 25g，水 12.5ml。

③火焰喷射消毒：用特制的火焰喷射消毒器进行消毒。因喷出的火焰具有很高的温度，常用于水泥地面和砖墙的消毒。此法的优点在于方便、快速、高效，但不能消毒木质、塑料等易燃的物品，消毒时应有一定的次序，以免遗漏。

(2)用具的消毒：养鸭使用的饲槽、水槽、饮水器等用具，不但要经常清洗，更要注意消毒。用具使用化学药物进行消毒时，宜选用含氯制剂或过氧乙酸，以免因消毒剂的气味而影响鸭采食或饮水。消毒时，通常是将其浸于 1%～2%漂白粉澄清液或 0.5%的过氧乙酸溶液中 30～60 分钟，或将其浸于 1%～4%的氢氧化钠溶液中 6～12 小时。消毒后应用清水将饲槽、水槽、饮水器等冲洗干净。

3. 免疫程序

鸭通常都是成群饲养，数量大，密度高，随时都可受到传染病的威胁。为了防患于未然，在平时就要有计划地对健康鸭群进行预防接种。现将全程标准免疫程序列于表 6-1，仅供参考，各养殖场可根据实际情况适当增减。

表 6-1 家庭养鸭场免疫程序(参考)

日龄	疫苗名称	剂量	使用方法
1	鸭瘟-鸭病毒性肝炎二联苗	0.5ml/只	肌内注射
7	鸭传染性浆膜炎-雏鸭大肠杆菌多价蜂胶复合佐剂二联苗	1ml/只	肌内注射
10	重组禽流感病毒灭活疫苗	0.5ml/只	颈部皮下注射
14	细小病毒活疫苗(番鸭)	1ml/只	皮下或肌内注射
31	重组禽流感病毒灭活疫苗	1ml/只	颈部皮下或胸肌内注射
42	大肠杆菌疫苗	1ml/只	肌内注射
154	大肠杆菌疫苗	1ml/只	肌内注射
189	鸭瘟-鸭病毒性肝炎二联苗	1ml/只	肌内注射
196	鸭传染性浆膜炎-雏鸭大肠杆菌多价蜂胶复合佐剂二联苗	1ml/只	肌内注射
203	细小病毒活疫苗(番鸭)	1ml/只	肌内注射
266	大肠杆菌疫苗	1ml/只	肌内注射
378	鸭瘟-鸭病毒性肝炎二联苗	1ml/只	肌内注射
385	细小病毒活疫苗(番鸭)	1ml/只	肌内注射
392	鸭传染性浆膜炎-雏鸭大肠杆菌多价蜂胶复合佐剂二联苗	1ml/只	肌内注射

(二)鸭场常见疾病的防治

1. 鸭瘟

鸭瘟又称鸭病毒性肠炎,是由鸭瘟病毒引起的一种高死亡率、急性败血性传染病。本病的主要特征是头颈肿大、高热、流泪、下痢、粪便呈灰绿色,两腿麻痹无力。俗称“大头瘟”。

病原:病原为鸭瘟病毒,属于疱疹病毒科,具有疱疹病毒科的典型特征。在病鸭的血液和内脏中含有大量病毒,以肝、脾的含毒量最高。

发病特点:本病的发生和流行无明显的季节性,但以春、秋鸭群的运销旺季最易发病流行。鸭瘟对不同日龄、不同品种的鸭均可感染,但以番鸭、麻鸭和绵鸭最易感,北京鸭次之。在自然感染条件下,成年鸭发病率和死亡率较高,30日龄以内的雏鸭却较少发病,但在人工感染时,雏鸭却较成年鸭容易发病,且死亡率也高。

症状:鸭瘟病毒的潜伏期为2~4天,病初体温急剧升高,一般可达43℃以上,呈稽留热型。病鸭呈现精神不振,低头缩颈,食欲减退或废绝,渴欲增加,羽毛松乱,翅膀下垂,两腿发软,步态不稳,喜卧地,驱赶时以翅膀扑地匍匐向前。这时,病鸭不愿下水,若强迫下水,也无力游动,并挣扎回岸。病鸭头和颈部肿胀,较健鸭明显肿大,故有“大头瘟”之称。病鸭下痢,排出绿色或灰白色稀粪,常黏附于泄殖腔周围。泄殖腔黏膜充血、出血和水肿,严重时黏膜外翻,并附有绿色的假膜,不易剥脱,人为剥脱后留有溃疡面。

剖检特征：鸭瘟的病变，以全身性急性败血症为主要特征。病鸭的全身皮肤、黏膜、浆膜和内脏器官，都有不同程度的出血斑点。皮下尤其是头颈部的皮下组织有弥漫性水肿，在"大头瘟"的典型病例中，切开头颈部肿胀的皮肤，即刻流出淡黄色透明的液体。消化系统的病变为口腔黏膜有黄色坏死性假膜覆盖，用刀刮离假膜后，可见到黏膜有出血性溃疡灶。食管黏膜表面具有纵行排列的灰黄色坏死性假膜覆盖，此膜不易剥离，剥离后呈现出不同大小的、特征性的红色斑块或条索状痂块。腺胃黏膜有出血斑点，有时在腺胃与食管膨大部交接处，有一条灰黄色坏死灶带或出血带。肌胃角质下层充血、出血。肠黏膜有充血和出血性炎症。小肠淋巴组织出血，呈带状。泄殖腔有严重充血、出血，黏膜表面覆盖有一层棕褐色或绿褐色的坏死痂块，不易剥落。肝脏的早期病变有出血性斑点，后期出现大小不同的灰色坏死灶，在坏死周围有时可见环形出血带，而在坏死灶中心却常有小出血点。脾脏体积缩小，呈黑紫色。法氏囊黏膜充血发红，有针尖状的黄色小斑点。到后期，囊壁变薄，囊腔中充满红色凝固的渗出物。产蛋母鸭的卵巢可能充血、变形或变色，有时有一部分卵泡破裂，卵黄散布于腹腔中而引起腹膜炎。

防治：目前对鸭瘟尚无特效治疗药物，预防注射鸭瘟疫苗是防治鸭瘟惟一最有效的措施，不管是疫区还是非疫区，鸭群都应进行免疫预防。一旦发现鸭瘟，迅速将病鸭、可疑病鸭和假定健康鸭分群隔离，对后两种鸭进行紧急预防接种，通常在接种后一周疫情即能停息。对感染初期的病鸭，可肌内注射抗鸭瘟高免血清 1～2ml/只。

2. 鸭病毒性肝炎

鸭病毒性肝炎是雏鸭的一种传播迅速的急性传染病，死亡率高达90%左右。病程极短，主要病变在肝脏。其特征是肝炎、肝体积肿大，并有出血斑点。

病原：本病的病原为鸭肝炎病毒。肝是本病的靶器官，是最好的送检病料。

发病特点：此病一年四季都可发生，但多数在冬季或早春暴发。本病主要发生于3周龄以内的雏鸭。成年鸭也可感染但不发病，而是此病的带毒者。被病毒污染的鸭舍、饲料、饲养用具、水、人员、车辆等都可成为本病的传播媒介。其传染途径是通过咽和上呼吸道或消化道感染。传染源主要是患病雏鸭及带毒成年鸭。病愈康复鸭的粪便中，能继续带毒1～2个月。

症状：潜伏期1～4天。有些雏鸭没有任何症状而突然死亡。病程进展迅速，常常不超过几小时。病鸭离群，缩头拱背，行动呆滞，不久即伏地不能走动，食欲废绝，眼半闭呈昏迷状态。有些病鸭有腹泻，以后出现神经症状，运动不协调，双脚呈痉挛性运动，头向后仰像游泳样，翅膀下垂，呼吸困难。死前头颈扭曲于背上，腿伸直向后张开，呈角弓反张姿势，欲称"背脖病"，这是本病死亡时的典型体征。康复的雏鸭生长缓慢。

剖检特征：特征性病理变化为肝脏肿大，质脆，呈淡红色或斑驳状，表面有出血点或出血斑，有的肝脏有坏死灶。胆囊肿大，充满胆汁。脾脏有时也肿大，有斑驳状花纹。

诊断：通常根据流行特点、临床症状与解剖病理改变，进行综合分析，可做出初步诊断。

防治：平时应做好预防工作，严格孵化室、鸭舍及周围环境的卫生消毒。不从有发病史的鸭场引起雏鸭。用鸭病毒性肝炎疫苗，免疫效果良好：无母源抗体的雏鸭，于1日龄皮下注射20倍稀释的疫苗0.5ml；有母源抗体的雏鸭（即母鸭曾注射过鸭病毒性肝炎疫苗或该鸭群曾患过本病），于7～10日龄皮下注射疫苗1ml。免疫力可保持6周以上。

3. 鸭传染性浆膜炎

鸭传染性浆膜炎又名鸭疫巴氏杆菌病，是侵害雏鸭的一种慢性或急性败血性传染病。其特征是发生纤维素性心包炎、肝周炎、气囊炎及关节炎。随着养鸭业的迅猛发展和禽产品贸易的扩大，鸭传染性浆膜炎的发病率逐年上升，且易发难治，已经成为制约养鸭业快速发展的重要疫病之一。控制和消灭本病，对于促进养鸭业的快速发展意义重大。本人结合自已的工作实际，谈谈对该病防治工作的体会。

病原：本病的病原体为鸭疫巴氏杆菌，革兰染色阴性，菌体为小杆菌，有的呈椭圆形，有荚膜，瑞氏染色见有少数菌体两端浓染。该菌在巧克力琼脂平板上菌落不溶血，呈小露珠状。在普通琼脂和麦康凯培养基上不能生长。绝大多数鸭疫巴氏杆菌在37℃或室温下于固体培养基上存活不超过3～4天，4℃条件下，肉汤培养物可保存2～3周。55℃下培养12～16小时即失去活力。在水中和垫料中可分别存活13天和27天。

发病特点：本病多发在秋冬之交和春夏之交。在一般情况下，主要发生于1～8周龄的雏鸭。8周龄以上的鸭很少发病。成年鸭罕见发病，但可带菌，成为传染源。本病主要经呼吸道或皮肤伤口感染，也可通过种蛋垂直传播。被污染的饲料、饮水、空气等都是重要的传染途径，育雏舍密度过大、换气不畅、潮湿、营养不良都是本病发生的诱因。

症状：本病潜伏期一般为1～3天，有时可长达7天，幼鸭发病较急，常在应激条件下突然发病，且未见明显症状而很快死亡。病程稍长的病鸭嗜睡、精神沉郁、离群独处、食欲减退或废绝，摇头缩颈，体温升高，呼吸急促，眼、鼻流出分泌物，眼被污染，两腿无力，运动失调，有的出现神经症状，阵发痉挛，排黄绿色恶臭稀粪。少数病鸭表现跛行和伏地不起等关节炎症状。

剖检特征：急性病例的病变为全身脱水，肝脾肿大。最明显的肉眼病变是浆膜面上有纤维素性炎性渗出。主要表现为心包炎、心包积液，心包膜有纤维素性渗出物，肝肿明显大于正常，呈土黄色或灰褐色，质地较脆，表现覆盖一层灰白色或灰黄色纤维素膜，容易剥脱，出现纤维素性肝周炎、纤维素性气囊炎，腹部气囊后部出现有黄白色的干酪样渗出物，有的出现输卵管炎和关节炎。

诊断：一般根据流行病学、临床症状、剖检特征进行综合分析，可以做出初步诊断。如果要进行确诊，可采取镜检和细菌培养等实验室手段，在细菌分离培养时，可用血液培养基培养再接种到鉴别培养基上进行鉴定。

防治：该病发病率高、流行广，必须采取综合防治的措施。

①加强饲养管理。给鸭群供应优质、全面、充足的饲料，保持合理的环境温度、空气湿度和饲养密度，加强鸭只的运动，并及时更换垫料，做好通风换气工作，提高鸭只的体质。

②合理用药。磺胺药物、链霉素、庆大霉素、红霉素、四环素

等药物对鸭疫巴氏杆菌均有效，但由于近年来抗菌药物的滥用，细菌耐药性日益增强，因此，在用药时最好先做药敏试验，有针对性用药，并及时更换药物，提高疗效。在防治中，通常在饲料中添加磺胺二甲基嘧，连续喂 3 天效果较好。

③做好消毒接种工作。为了防止疫病的产生和扩散，要对鸭舍、饲槽、水槽以及鸭只经常活动的场所进行定期消毒，并做鸭疫巴氏杆菌灭活苗的免疫接种工作。

4. 鸭大肠杆菌病

鸭大肠杆菌病是由致病性大肠杆菌引起的急性或慢性疾病的总称，各龄的鸭都易感染。

病原：病原是大肠埃希杆菌，是革兰阴性菌，不形成芽孢和荚膜，本菌有多种血清型。一般抗菌药对本菌都有效，但要注意易产生抗药性。

发病特点：各品种和年龄的鸭均可感染大肠杆菌，但多为 2～6 周龄者，发病季节以秋末冬春多见，发病诱因常常是鸭场卫生条件差，潮湿，饲养密度大，通风不良等。

症状：病鸭精神不振，食欲减退，严重的呼吸困难。初生雏鸭常因败血症而死亡。成年鸭喜卧，不愿动，腹部膨大，腹腔内有液体后期腹泻、衰竭、脱水而死。产蛋母鸭患本病时，突然停止产蛋，康复后多不能恢复产蛋能力，病鸭产的种蛋孵化率低。公鸭阴茎肿大且部分外露。

剖检特征：实质器官表面有纤维素性渗出物，肝肿大，呈青铜色或胆汁色，打开腹腔恶臭味，卵巢出血，有时有干酪样物。

防治：改善饲养管理条件，搞好清洁卫生工作，消除发病诱因。鸭舍及用具等每 15 天消毒 1 次,发现病情则每周消毒 2 次。可用疫苗进行免疫接种,治疗可用恩诺沙星或氧氟沙星和青霉素配合使用,效果更佳。

5. 番鸭细小病毒病

番鸭细小病毒病是由番鸭细小病毒侵害 3 周龄以内的雏番鸭而引起的一种传染病,故又称番鸭“三周病”。

发病特点:此病主要发生于 5～20 日龄的雏番鸭,具有传染快、死亡率高的特点。若不及时处理,死亡率可达 90%以上。此病一年四季都可发生。

症状:病雏主要表现为精神沉郁,减食或拒食,排出白色或黄绿色稀粪,怕冷,喜蹲伏,两脚乏力,喘气,张口呼吸。死前出现神经症状,多呈角弓反张及两脚麻痹。

剖检特征:常见胰脏苍白,表面有数量不等的针头状大小的灰白色坏死点。整个肠道呈卡他性炎症,充血或出血,以十二指肠及直肠最明显。常见小肠中下段肠黏膜有不同程度的脱落。剖开小肠膨大部,可见质地较软,表面覆盖有一层灰白色或黄白色的干酪样物,形成栓子,堵塞肠管。

诊断:根据发病特点以及临床症状与消化系统的特征性病变可以作出初步诊断,在有条件时可以结合实验室诊断。

防治:

①雏番鸭出生后 48 小时内,皮下注射番鸭细小病毒弱毒疫苗。

②在疫区的雏番鸭,可在出壳后 4 天内注射抗番鸭细小病毒的高免血清或高免蛋黄液。

③在种鸭产蛋前用番鸭细小病毒灭活苗进行免疫,孵出的

雏番鸭将获得母源抗体，可抵抗番鸭细小病毒感染。

如发生本病，抗生素或化学药物治疗对本病无效。发病初期可注射番鸭“三周病”高免血清或高免卵黄液。

6. 鸭霍乱

鸭霍乱又名鸭巴氏杆菌或鸭出血性败血症，是引起鸭大量发病和死亡的一种接触性、急性败血性传染病。

病原：鸭霍乱病原为鸭多杀性巴氏杆菌，存在于病鸭的内脏器官、体液和分泌物中。革兰染色阴性，呈细小的球杆菌。

发病特点：该病对各种家禽都易感，发病无明显的季节性，各种日龄的鸭均可感染，但一般 1 月龄内的鸭发病率较高，死亡率也高，鸭霍乱主要通过消化道、呼吸道传染。

症状：该病的潜伏期为 12 小时至 3 天，按病程长短可分为最急性、急性和慢性 3 种类型。

①最急性型：常见于流行初期，无明显症状，吃食或饮水时突然倒地死亡。

②急性型：病鸭精神呆滞、行动缓慢、不愿下水、羽毛松乱易湿，食欲不振、饮欲增加、体温升高，倒提病鸭时有大量恶臭液体从口和鼻流下，病鸭常摇头，故又称“摇头瘟”。病鸭拉白色或铜绿色稀粪，少数鸭两脚瘫痪，不能行走，1～3 天内死亡。

③慢性型：多为急性型转化而来，病鸭表现为一侧或两侧关节肿胀，局部发热，疼痛，跛行或不能行走，生长缓慢，亦可转为急性型而死亡。

剖检特征：病死鸭尸僵完全，皮肤上有少数散在的出血斑点。心包液增多，心外膜、心耳、心冠有弥散性出血斑点。肝脏略肿大,呈粘土色,质地柔软,易碎,表面有针尖大出血点和灰白色坏死灶。肺呈多发性肺炎,间有气肿和出血。关节囊增厚,内含有暗红色、浑浊的黏稠液体。

诊断:根据流行病学和剖检特点可做出初步诊断。确诊需作实验室诊断。

防治:首先要加强鸭群的饲养管理,雏鸭、中鸭、成年鸭要分群饲养,不从疫场或疫区引进鸭。从外地引进鸭苗后应隔离饲养15～30天,确认无病后才能转入场内,周围地区发生疫情后,应停止放牧,并立即接种禽霍乱疫苗;本场发病后,应积极采取封锁、隔离、消毒、治疗等工作。

磺胺类药物和抗生素对鸭霍乱均有良好的防治和治疗效果,常可降低发病率和死亡率,但往往停药后又开始发病死亡。因此,治疗时必须保证足够药量和坚持疗程,即停止发病死亡后,不要立即停药。

磺胺类药物可用磺胺嘧啶、磺胺甲基嘧啶、磺胺二甲嘧啶、磺胺异恶唑,按0.4%～0.5%混于饲料中,或用其钠盐按0.1%～0.2%溶于饮水中,连续喂服数日;磺胺二甲氧嘧啶、磺胺喹恶啉,按0.05%～0.1%混于饲料中喂服。复方新诺明按0.02%混于饲料中喂服有良好的效果。

抗生素可用土霉素,每只鸭每天取0.15～0.2g加水稀释后灌服,连用3～5天,可收到良好疗效。或按0.05%～0.1%混于饲料或饮水,连用3～4天。青霉素肌内注射,每只病鸭注射30 000～50 000IU,每天2～3次。

此外,也可采用乙醇治疗,按30g/kg的剂量拌和于饲料中喂服,每天1次,连用3～5天即可获得良好的疗效。

7. 鸭的沙门菌病

鸭沙门菌病又名鸭副伤寒，是由沙门菌属的细菌引起的鸭的急性或慢性传染病，雏鸭感染时常发生大批死亡，成年为带菌者。该菌广泛存在于畜禽及人体内及外界环境中，危害动物和人的健康，具有较为重要的公共卫生意义，是鸭的常见病之一。

病原：病原为沙门菌，为革兰染色阴性小杆菌，血清型种类很多，达 2 000 余种。该菌抵抗力不强，对热和一般常用消毒剂都很敏感。菌体 60℃15 分钟死亡，但在土壤、粪便和水中生存时间较长，可达数周至数月之久。该菌的毒素较为耐热，75℃1 小时仍有毒力，可使人发生食物中毒。

发病特点：沙门菌几乎可以感染所有的禽类，哺乳动物和人，宿主范围非常广泛。幼龄的鸭对沙门菌非常易感，以 3 周龄以下的鸭常发生败血症而死。成年鸭多呈隐性或慢性经过。发病鸭和带菌鸭以及污染本菌的动物性饲料是本病的主要传染源；消化道是本病的主要传播途径，也可经卵垂直传播；被污染的饲料、饮水、用具，以及土壤等都是本病的传播媒介，鼠类和苍蝇等也是本病的传播者。本病在 3 周龄以下雏鸭感染率和死亡率都很高，严重时可达 80％以上，种蛋污染后可引起死胚和孵化率严重下降。

症状：本病的发病率决定于感染率、饲养管理环境，以及是否有其他病原继发感染等，死亡率高低不等。现分述如下。

①胚胎：是由于鸭蛋带菌或在孵化中被感染而发生死胚，或啄壳后死亡。

②幼雏:感染后有的不显任何症状突然死亡,多数胎毛松乱,腿软,拉腥臭味稀粪,肛门周围羽毛常被尿酸盐粘着,眼半闭,两翅开张或下垂,不愿走动,饮欲增加,腹部膨大,卵黄吸收不全,脐炎,常于孵出后数日内因败血症或脱水而死亡。

③小鸭:表现精神沉郁,呆立,畏寒,垂头闭眼,食欲减少,呼吸困难,并常见下痢,眼和鼻腔流出清水样分泌物,体质衰弱,步态不稳,最后可发生角弓反张,抽搐死亡。

④中鸭和成年鸭:常呈慢性或隐性感染。

剖检特征:初生幼雏的主要病变是卵黄吸收不全和脐炎,俗称"大肚脐"。日龄较大的小鸭常见肝脏肿大,边缘钝圆,表面色泽不均匀,有时呈灰黄色,肝表面及实质中有针尖大密集的灰白色坏死点;整个肠道黏膜充血、出血,表面可见针头大灰白色坏死点,有的肠黏膜坏死脱落,表面形成一层糠麸样物;最特征的变化是盲肠肿涨,呈斑驳状,内容物有干酪样的团块。慢性病变可见心包炎和关节炎。

诊断:根据流行病学情况、临床症状和剖检变化可做出初步诊断,确诊需进行细菌的分离培养和鉴定。本病需注意与鸭霍乱和鸭传染性浆膜炎相鉴别。鸭霍乱与本病都有肝脏出现小坏死灶的变化,但鸭霍乱有心脏冠状脂肪及心肌的点状出血,本病没有;鸭霍乱多发生于1月龄以上鸭,本病通常发生于3周龄以下鸭;鸭霍乱发病和死亡更急。传染性浆膜炎与本病主要区别在于前者无肝脏的小点状坏死和盲肠的肿大及栓子。

防治:不要从发病或污染的鸭场购买雏鸭或种蛋。防止蛋壳被沙门氏菌污染,种蛋和孵化器要定期消毒。也可用药物进行防治,如氟哌酸、强力霉素按100mg/kg饲料拌料饲喂。还可用庆大霉素 20 日龄雏鸭每只肌内注射 3 000～5 000U，连用 3～5 天。但需注意，该菌极易产生抗药性，使用时要经常换药。

8. 鸭的曲霉菌病

本病又称为曲霉菌肺炎，是由真菌中的曲霉菌引起的，主要侵害呼吸器官的急性传染病。本病常在雏鸭中暴发，发病率和死亡率均较高。成年鸭多为散发。

病原：病原以烟曲霉致病力最强，其他的还有黑曲霉、黄曲霉等。曲霉菌广泛存在，尤其是其产生的孢子广泛分布于自然界，对外界环境有较强的抵抗力，只要在温暖潮湿的环境下就能很快繁殖，产生大量孢子散布在环境中，进入机体后能产生毒力很强的毒素，使肺产生病变，对血液、神经组织都有损害作用。

发病特点：各种禽类均对本病有易感性，特别是幼龄禽更易感染。鸭以 20 日龄内雏鸭易感性高；其中 4～12 日龄的雏鸭发病率最高，病死率可达 50%以上；成年鸭发病较少。本病主要经呼吸道和消化道感染。被曲霉菌污染的垫料和发霉的饲料是本病主要的传染源；此外，本病亦可经被污染的孵化器传播。因此，饲养管理不善、饲料霉变、卫生条件不良及通风不良、饲养密度过大等均是本病暴发的诱因。

症状与病变：病潜伏期 2～10 天，急性病例发病后 2～3 天内死亡。主要发生于雏鸭，病鸭精神食欲均减少，缩颈呆立，眼半闭，羽毛粗乱，特征性症状为呼吸困难，张口呼吸，咳嗽，有时有"沙哑"或"呼哧声"的喘鸣音。口腔和鼻腔常流出浆液性分泌物，迅速消瘦而死亡。有的侵害脑部引起神经症状，痉挛抽搐而死。如污染种蛋可造成大批死胚。成年鸭发病，亦可见张口呼吸,但病程较长,可达10日左右。

剖检特征:喉头、气管黏膜充血,有淡黄色渗出物或霉菌结节。肺脏可见典型的霉菌结节,从小米粒到绿豆粒大小不等,呈灰白色,黄白色或淡黄色,均匀分散在整个肺脏。气囊膜增厚,混浊,分布有大小不一圆碟状的霉菌病斑。严重者,腹腔、浆膜、肝或其他部位表面也有霉菌结节或圆形绿色斑块。

诊断:根据症状、流行病学情况、剖检病变及了解有无发霉的垫料和饲料可做出初步诊断。确诊需查到霉菌,取病变结节或病斑,显微镜下看到菌丝或培养出丝绒状菌落。

防治:主要措施在于不用发霉的垫料、不喂发霉的饲料;保持鸭舍的通风、干燥和清洁。

治疗上制霉菌素有一定疗效,可按5 000~8 000U/只雏鸭和2万~4万U/只成鸭口服,一日2次,连用3~5天。或克霉唑按0.01g/只雏鸭混料,也可用0.05%硫酸铜溶液饮水,连用3~5天,也有一定疗效。

9. 鸭的球虫病

球虫病一般在雨季多发,预防重点在育雏期及育成前期,然而在初春季节,尤其是产蛋期,球虫病的预防往往被养殖户忽视。一旦发病,会造成巨大的经济损失。因此,应从初春起就应进行预防。

病因:鸭球虫病是由艾美耳属和泰泽属的各种球虫寄生于鸭的肠道引起的疾病。本病分布很广,是条件简陋鸭场的一种常见病、多发病,常呈地方流行,给养鸭业带来很大的威胁。所以家庭养殖场因养殖条件有限尤其要注意对本病的预防。

症状:表现为精神不振、缩脖、喜卧,地面上有时可发现有血便,二三天后就会发现有数只蛋鸭死亡,随后几天死亡数直线增加,产蛋率有所下降或增长缓慢。慢性球虫病则不显症状,偶见拉稀,往往成为球虫的携带者和传染源。

剖检特征:肉眼观察病变为整个小肠呈泛发性出血性肠炎。肠黏膜充血,十二指肠有红色或深红色冻状物,有的肠黏膜上覆盖一层麸皮样物质,有的小肠严重出血,肠内充满煤焦油样的黑色物质,多数为低产鸭及未开产鸭。

防治:平时要搞好鸭舍内的环境卫生,勤铺新的垫料,定期消毒。处理好保温与通风的关系,尽量增加通风量。合理设置饮水设备,避免漏水、冒水现象发生。提高蛋鸭的育成率,开产前淘汰发育不良的蛋鸭,产蛋高峰后及时淘汰低产鸭。定期在饲料及饮水中添加预防药物,产蛋前可用马杜拉霉素、氨丙啉、氯苯胍等药物交替使用进行预防,产蛋期间可用抗球灵(地克珠利)1mg/kg 饮水,及青霉素 1 万 U/只,交替使用进行预防,可收到良好效果。

如已发生本病,可全群使用抗球灵(地克珠利)饮水,剂量为2mg/kg 饮水,连饮 3～5 天。饲料中增加维生素的含量,尤其是 VA、VK、VC 的用量。对病情较重的,每天口服复方敌菌净片,2 片/只,连用 3～5 天。每天全群用百毒杀消毒 2 次,清除潮湿的垫料,换上新鲜的干燥垫料。

10. 硒缺乏症

本病是由于微量元素硒的缺乏或不足所导致的代谢性疾病。硒在体内有多种生理功能,其主要功能与 V_E 有互补作用。

因此,硒缺乏病与 V_E 缺乏病有着部分相同的病症。硒缺乏主要表现为渗出性素质与白肌病,但无脑软化症。而且已经有研究证明,硒在白肌病中处于协同作用的位置,起主要作用的是 V_E 和含硫氨基酸的缺乏。在渗出性素质当中,由于硒与 V_E 的互补作用,单一缺乏其中的一种往往不显现病症,多为两者同时缺乏时才发病。

病因:根据情况可分为以下几种。

①使用土壤缺硒地区的饲料造成硒的缺乏。我国有三大缺硒地带,其中东北、华北直至云南、贵州一带是最大的一条。使用这些地区饲料应注意补硒。

②使用劣质的微量元素添加剂,在饲料缺硒时可发生本病。

③V_E 的缺乏使硒的需要量增加。

④拮抗元素如铜、锌、钴、硫等过多也会影响硒的吸收;锰的缺乏也降低硒的吸收,从而造成硒缺乏症。

症状与病变:

①渗出性素质,主见于 2～4 周龄雏鸭,表现为精神不振,腹泻,消瘦,喙尖和脚蹼发紫,有时肉雏腹部皮下水肿,呈淡绿色或淡紫色。病变可见头颈部、胸前、腹下等部皮下有淡黄色或淡绿色胶冻样渗出物,胸、腿肌肉常有出血斑点,有时有心包积液,心肌变性或条纹状坏死。

②白肌病,主见于青年鸭或成年鸭,青年鸭生长发育不良,消瘦,腹泻,食欲不振;母鸭产蛋率、孵化率降低,胚胎发生早期死亡;种公鸭生殖器官发生退行性病变,睾丸萎缩,少精或无精。病变可见全身骨骼肌肉苍白、贫血,胸肌和腿肌中出现条纹状白色坏死,心肌变性、色淡,呈条纹状坏死,有时肌胃也有坏死。

诊断:根据症状和典型的病理变化以及对饲料中硒及 V_E 含量的调查了解,可以做出初步诊断。必要时可测定羽毛硒、血硒或饲料硒的含量。

防治:

①保证饲料中含有足够的硒和 V_E。通常按 0.5mg 硒加上 50 国际单位 V_E/kg 饲料添加,进行预防。

②治疗时,可按 2.5mg 硒加上 250IUV_E/kg 饲料添加。

③发生白肌病注意添加蛋氨酸等含硫氨基酸。禁用变质的饲料。

11. 鸭维生素 D 缺乏与钙磷代谢障碍

维生素 D(V_D)与钙磷共同参与骨组织的代谢,其中任一个缺乏或钙磷比例失调都会造成骨组织的发育不良或疏松。本病在不同年龄鸭均可发生,但以 1～4 周龄幼鸭多发。

病因:根据情况可分为以下几种。

①V_D 是一种脂溶性维生素,既可在阳光照射下由皮肤合成,又可得之于动物性饲料。在舍饲时,尤其雏鸭得不到阳光照射,饲料中 V_D 含量不足时,从而引起本病。

②钙、磷是机体的常量元素,依赖于饲料的供给,当饲料中钙或磷不足或二者比例失调时,引起本病。

③饲料中其他矿物质干扰了钙、磷的吸收,如锰、锌、铁过高可抑制钙的吸收,从而引起本病。

④肝脏疾病、肠道炎症影响了钙磷的吸收,从而促发本病。

症状与病变:雏鸭生长迟缓,喙变软,行走摇晃,不愿走动,常蹲卧,逐渐瘫痪,需拍动双翅移动身体。产蛋鸭表现产蛋减少，壳薄易碎，产软壳或无壳蛋，鸭腿软无力，步态异常，重者瘫痪。病变可见胸骨变软，呈S状弯曲；长骨变形，骨质变软或易折；飞节肿大；肋骨与肋软骨结合部出现球状增生，排列成患珠样；鸭喙变软，易扭曲；成年鸭的跖骨易折断；种蛋孵化率降低，死胎增多，死胚四肢弯曲、腿短、皮下水肿、肾肿大。

诊断：据典型的症状与病变结合饲料调查，可以做出初步诊断，必要时可化验饲料中维生素D、钙、磷的含量。

防治：预防上注意饲料中维生素D和钙、磷的含量及其比例，可能情况下提供阳光照射。治疗上对患病鸭群可添加鱼肝油10～20ml/kg饲料，同时调整好钙磷比例及用量，合理的钙磷比为2∶1，产蛋期为(5～6)∶1。对重症鸭可口服肝油胶丸或肌内注射维丁胶钙。

12. 啄癖

鸭啄癖是由多种原因引起的综合性症状，如营养代谢紊乱，饲料中缺少某些矿物质、维生素和微量元素或各种营养成分比例失当，饲养密度过大，舍内通风不良、潮湿闷热，光线太强或太弱等因素都可以引起本病的发生。

症状：啄癖的症状较为明显，很容易诊断。根据啄食的部位，可分为以下几种。

①啄羽癖：常发生于产蛋母鸭，表现为互相啄食羽毛，或啄食自己的羽毛，造成羽毛蓬乱脱落，皮肤出血破损，严重者消瘦、贫血、衰竭而死。

②啄肛癖：多发生于产蛋母鸭，由于产蛋后泄殖腔不能回

缩,造成脱肛,引起互相争啄。

③啄蛋癖:多发生于产蛋旺季,饲料中钙及蛋白质不足时常易发生。

防治:及时将有啄癖的鸭只剔出来,进行隔离饲养,防治啄癖扩大。同时迅速查出病因,以便采取相应措施。如因日粮中某些成分不足,则应立即予以补充。如属饲养管理不当所造成的,则应立即予以纠正。另据有关资料介绍,在鸭发生啄羽时,可在饲料中添加含硫的矿物质成分,如石膏粉等,每天给与0.5～3g,啄羽癖很快消失,效果很好。

13. 食盐中毒

在鸭的日粮中,添加一定的实验可以增进食欲,有利于鸭的消化、吸收和排泄,这对调节体内血液渗透压和酸碱平衡、维持神经系统的正常机能等都有着十分重要的作用。

病因:鸭食盐中毒是饲料中食盐含量过高,超过0.5%,或同时饮水收到限制,或饲喂较多食堂的残羹和腌制加工的副食品而引起的。鸭的食盐最小致死量为每千克体重4g,食盐需要量一般占饲料的0.37%,饲料中食盐含量达3%,饮水中含盐量达0.9%,即可引起鸭大批中毒死亡。

症状:鸭中毒较轻时,饮欲增加,食欲降低,粪便稀薄混有水,引起鸭舍地面潮湿,雏鸭可见不断鸣叫,无目的地冲撞,头向后仰。严重中毒时精神委顿,食欲废绝,口鼻流黏液,嗉囊肿大,腹泻,后期步态不稳或瘫痪,呈昏迷状态渐至衰竭死亡。

剖检特征:病变主要为皮下组织水肿,腹腔和心包积水,肺水肿,胃肠道黏膜充血、出血,嗉囊内充满黏性液体,黏膜脱落,脑膜血管充血扩张。

防治:使用配合饲料时对所用鱼粉或干鱼等要测定其含盐量,或估计盐分多少,以决定其添加量,使配合饲料的含盐量控制在0.35%左右,防治中毒事故发生。发现食盐中毒时,立即停用原饲料和饮水,改换新鲜充足淡水或糖水,症状可逐渐好转。中毒严重时,要限制供给饮水,每隔1小时让其饮水15分钟左右,以免一次大量饮水,加重组织水肿。

(三)家庭养鸭场必备的药物

抗生素:链霉素、庆大霉素、红霉素、四环素、青霉素。

抗菌药:磺胺类药物如恩诺沙星、诺氟沙星等。

抗球虫药:盐霉素、马杜霉素等。

抗应激药:水溶性电解多维等。

消毒药:氢氧化钠,过氧乙酸,漂白粉等。

七、怎样做好家庭养鸭场的经营管理

（一）我国养鸭业的生产现状和前景

我国的养鸭业具有悠久的历史。进入 20 世纪 80 年代，饲养量平均每年以 5%～8%的速度递增。2004 年我国肉鸭的出栏量超过 24 亿只，鸭肉产量约 530 万吨，占世界肉鸭总产量的 70%左右。中国羽绒（毛）每年产量约 36.7 万吨，鸭绒约占 75%，羽绒制品每年为国家创汇 13.4 亿多美元，约占世界羽绒品出口量的 55%。我国 2004 年成年蛋鸭的存栏量达到 3 亿～4 亿只，鸭蛋年产量达到 553 万吨，约占我国禽蛋总产量的 20.3%。2004 年我国鸭肉、鸭绒初级产品的总产值已经达到 500 亿元，鸭蛋总产值约 380 亿元。蛋鸭、肉鸭年消耗配合饲料约 3 000 万吨，价值 450 亿元，同时带动羽绒、食品加工、餐饮等行业发展。

近几年，随着我国经济的不断发展和人们生活水平的不断提高，我国养鸭业呈现出了持续发展的态势。饲养量平均每年以 10%～15%的速度递增。目前在国际市场上每公斤鸭肉的价格要比鸡肉高 1 倍左右；在国内市场，鸭肉的价格比鸡肉的价格高达1.3～1.5倍。这主要是因为国内外的消费者对畜禽产品的要求已向低脂肪、低胆固醇、高蛋白、营养均衡、安全保健方向发展。而鸭产品恰恰符合了消费者的需求。因此鸭产品的市场占有率也在逐渐增长。据国家农业部信息中心提供的数据显示，目前我国鸭产品的年产值已经接近300亿元人民币，产品远销欧盟、东南亚、日本、韩国等国家和地区。养鸭业已经成为我国农村增加经济收入的支柱产业之一。随着我国经济的进一步发展，农村生活水平的逐步提高，鸭产品的消费市场将从城市向广大的农村扩展，所以这个市场空间还会不断地扩大。特别是我国作为世界水禽第一生产大国在养鸭业方面具有得天独厚的品种资源优势。世界各国很多的肉鸭品种均是北京鸭的后代，我国的蛋鸭品种也是独树一帜。例如绍兴鸭、金定鸭、莆田鸭500日龄的产蛋量为240～300枚，蛋重64～72g/枚，雏鸭100日龄的成活率在95%以上，在世界同类鸭中均处于领先水平。所以，我国鸭业潜力很大。

(二)家庭养鸭场的经济效益

1. 家庭养鸭场养殖的经济效益分析

一切生产经营活动的最终目的都是要盈利，也就是说要以最少的资源、资金取得最大的经济效益。商品鸭及种鸭养殖的经济效益就是指在其生产中所获得的产品收入扣除生产经营成本以后所剩的利润。商品鸭养殖的主体收入来源于成鸭的销售，其他还有产出的鸭粪收入等。种鸭养殖的主体收入来源于种鸭所产的种蛋或孵出的苗鸭的销售，其他还有淘汰的老鸭的销售以及鸭粪的收入。家庭养鸭场的成本主要包括以下几个方面。

(1)饲料费用:指饲养过程中耗用的自产和外购的各种饲料(包括各种饲料添加剂等)，运杂费也应列入其中。

(2)饲养人员工资及福利费用:指直接从事养鸭生产人员的工资、奖金及福利费用等。

(3)燃料和水电费用:指直接用于养鸭生产过程的燃料费、水电费等。

(4)防疫医药费用:指用于疾病防治的疫苗、化学药品等费用及检疫费、化验费和专家服务费等。

(5)苗鸭费用:指购买苗鸭的费用，包括包装费、运杂费等。

(6)低值易耗品费用:指价值低的工具、器材、劳保用品及垫料等易耗品的购置费用。

对于较大规模的家庭养殖场养殖成本除了上述几方面外，还有固定资产折旧费用(指鸭舍和专用机械设备的基本折旧费、固定资产的大修理费用等)和管理费用(指从事鸭场管理、产品销售活动中所消耗的一切直接或间接生产费用)。

总收入减去总支出即为养殖鸭的经济效益。我国广大农村饲养商品鸭或种鸭，因各地饲料、饲养管理技术条件、成鸭的市场价格等不同，其经济效益也有所差别。

2. 影响家庭养鸭场经济效益的因素

(1)饲养规模与技术水平:养殖业除具有一定养殖风险外，它是薄利多销的行业，规模效益比较明显，只有形成批量生产，才能有较大的经济效益。因而家庭养鸭场生产要在投资能力、饲养条件、技术力量和产品市场前景允许的条件下，逐渐步入适度规模经营和集约化商品生产的轨道。饲养技术是影响鸭养殖效益的关键因素，鸭成活率的高低、饲料转化率的大小以及生长速度的快慢等都直接影响经济效益。在鸭养殖生产中，一定要根据鸭的饲养标准科学配合日粮，确保满足鸭群所需的各种营养物质，并使饲料价格相对降低。同时，还要提供鸭生长的适宜环境条件，正确做好防疫灭病工作，才能获得较好的成活率、生长速度和饲料报酬。此外，还要充分利用各种鸭品种的饲养特点，广泛开辟饲料资源，降低饲养成本，减少饲喂过程中的浪费现象，注意饲料的保存，严防饲料发霉变质。饲养种鸭，还要想方设法提高鸭群的产蛋率、种蛋合格率和受精率，要注意控制母鸭的就巢性。

(2)出售时间与市场价格：商品鸭的出售时间要按照科学的方法来确定。出售时间越迟，出栏体重越大，饲料转化率增大，饲料报酬降低。但出售日龄太小，肉质又受到影响，鸭的特有风味不能形成。实际生产中要统筹兼顾，确定好鸭群的最佳出售日龄。市场价格是经常波动的，冬季市场价格要高于其他季节。因此，在鸭养殖时，养鸭专业户要根据市场上的这种规律变化，结合本身的生产能力，合理安排生产计划和销售计划，以提高养鸭的经济效益。

(3)设备利用率与生产费用：在同一生产设施条件下，在一定范围内，生产的鸭群数量越大，则单位产品的费用越小，收益就越高。所以，一年内一定设施生产的商品鸭或者种鸭的种蛋、苗鸭的总量也是影响鸭养殖经济效益的重要因素。在生产规模一定的条件下，劳动生产率越高，生产经营管理费用等生产成本越低，经济效益就越高。

(三)家庭养鸭场的投资决策与计划

1. 市场调查分析

市场调查是企业为进行生产经营决策而进行的信息收集工作，对家庭养鸭场来讲，市场调查也十分重要。市场调查是了解市场动态的基础，通过调查取得大量可靠的历史的和现实的资料，在此基础上，对鸭养殖市场及其产品的供求和价格变动等情况进行预测，为鸭养殖企业的经营决策提供科学依据。进行市场调查时必须有的放矢，要以科学的态度和实事求是的精神系统地进行调查。市场调查的内容大致包括以下几个方面。

(1)市场需求：及时了解市场需求状况是搞好商品生产的前提条件，通过对国内和国际、省内和省外、本地和外地市场上鸭及其加工产品的需求情况进行充分的调查，了解影响需求变化的因素，如人口变化、生活水平的提高、消费习惯的改变以及社会生产和消费的投向变化等。调查时，不仅要注意有支付能力的需求，还需要调查潜在的市场需求。

(2)生产情况：生产情况调查主要是对鸭生产现状的摸底调查，重点调查本地及邻近地区鸭品种的种源情况、生产规模、饲养管理水平、商品鸭的供应能力及其变化趋势等。

(3)市场行情：市场行情调查就是要深入具体地调查鸭及其

加工品在市场上的供求情况、库存情况和市场竞争情况等。

2. 养殖定位

所谓养殖定位，是指在市场调查的基础上，对养殖场的建场方针、奋斗目标以及为实现这一目标所采取的重大措施作出的选择与决定，具体包括经营方向、生产规模、饲养方式、鸭场建设等方面的内容。

(1)经营方向与生产规模的确定：经营方向就是鸭场是从事专业化饲养，还是从事综合性饲养。专业化饲养是指只养某一品种的种鸭或者商品鸭；综合性饲养就是指既养种鸭又养商品鸭等。在经营方向确定之后，还有一个每批养多少只鸭的问题，这就是生产规模的问题。确定经营方向与生产规模的主要依据有：市场需求情况；投资者的投资能力、饲养条件、技术力量；苗鸭来源；饲料供应情况；交通运输及水、电和燃料供应保障情况。一般专业户可选择饲养商品鸭，有一定技术力量的集体场圃或有条件的专业大户可饲养种用鸭，或从事综合性饲养。

(2)饲养方式与鸭舍、设备等的选择：鸭的饲养方式目前主要有全舍和半舍饲 2 种。全舍饲又有地面平养、笼养、网养、网养与地面平养相结合以及笼养等多种形式；半舍饲一般多设置水、陆运动场。地面平养、半舍饲是我国农村传统的饲养方式，占地多，卫生条件差，不利于防疫和饲养机械化，但简单易行，生产成本较高。投资者采用哪种饲养方式，必须根据人力、物力、资金、技术和自然情况等来决定。

鸭舍主要有棚舍、开放式或半开放式鸭舍、封闭式鸭 3 种类型。棚舍又叫敞棚，设计、施工简单，投资省，且具有较好的防暑效果,但不利于保温。封闭式鸭舍上有屋顶遮盖,四周有墙壁保护,通风换气依赖于门、窗和通风管道,舍内环境与舍外差异较大。开放式鸭舍指墙体正面敞开的鸭舍,半开放式鸭舍指三面有墙,正面上部开敞、下部有半截墙的鸭舍,这种类型的鸭舍,防寒能力比棚舍强而比封闭舍弱,通风情况比封闭舍强而又不如棚舍,舍内的温度、湿度、气流、光照等全用人为的方法控制在适宜的范围内。这种鸭舍生产力水平和劳动效率均较高,但对技术、设备要求高,投资较大。

养鸭设备主要指饲养和环境控制设备,包括喂料、饮水、清粪及粪污处理设备,通风、采光、降温、取暖设备,种鸭场的孵化设备等。

养鸭专业户或者投资者建筑什么样的鸭舍,选择哪些设备,要根据市场前景、本身的经济条件、劳动者的素质和生产方式等来决定,既要考虑因陋就简、降低成本,又要考虑通过集约化、现代化生产来降低劳动强度,提高劳动效率,增加经济效益。

3. 投资经费概算

投资经费与饲养规模成正比,并且还要考虑到饲料价格等因素。在充分进行市场调查分析后,养鸭专业户购入商品鸭苗雏平均价格为 3.5 元/只,种鸭苗雏平均价格为 5.5 元/只,每只鸭大致消耗饲料 13.7 元/只(主要根据饲料价格和鸭品种而定),药品及燃料等 1 元/只。如果一个家庭养鸭专业户年饲养商品鸭 3～4 批,每批饲养 2 000 只左右,此项需要经费 12 万元左右。如果是饲养种鸭,则需要 14 万元左右,再加上鸭舍建筑和生产设备年折旧费、水费电费等共计 12 万元左右,则经营一个如此规模的家庭种鸭场一年经费需要共计 25 万元左右。

(四)家庭养鸭场的组织与管理

从事商品鸭或种鸭养殖生产,除有生产前的正确决策,还需要有生产中的精心组织与管理,通过管理使生产上水平,生产水平提高,家庭养鸭场的养殖经济效益才会有保障。

1. 合理配置生产资源

生产中要根据饲养规模、生产方式、饲养密度等配置合理的饲养面积和设备,最大限度地提高房舍、设备的利用率。如小规模的家庭养鸭场,商品鸭可采用育雏和育肥两阶段分舍饲养的方案,加快鸭群的周转;对较大规模的家庭养鸭场,则在安排生产计划时,应从全年均衡生产要求出发,使设备、房舍充分利用,同时考虑好商品鸭生产、种鸭饲养和孵化场之间的正确配合。配置孵化设备时,要考虑到种蛋在孵化机中孵化的时间相对较长,在出雏机中出雏的时间较短,孵化机和出雏机的数量应按(3～4)∶1 比例来配置。在考虑生产计划周转安排时,也要将劳动力作适当合理的安排。作为一个饲养单元的饲养量尽量按一个劳动力的饲养量来安排。

2. 计划管理

规模饲养的鸭场必须在有计划的指导下进行生产。生产计划应根据鸭场的性质、经营方向、生产规模、生产任务及销售预测情况合理制定。制定出的计划既要及时检查,认真执行,又要根据客观情况的变化，对生产活动作出适当的调控，要有效地调动人力、物力和财力来实现预定的计划，以获取最大的经济效益。

(1)年度总产计划：它是指鸭场年度争取实现的商品总量。商品鸭场主要是指肉用鸭和蛋用鸭的总产量计划；种鸭场是指种蛋和雏鸭的年产计划，包括各月产蛋量、出雏数等。

(2)年度单产计划：它是指养鸭的"单位"产量。商品鸭场主要包括育雏率、育成率、出售体重及料肉比等；种鸭场主要包括开产日龄、产蛋率、受精率、出雏率、健雏率等。

(3)鸭群周转计划：必须根据养殖场的生产流程制定。例如，一个综合性番鸭饲养场的生产流程是：种番鸭→孵化→育雏→育成→肉鸭(出售)。这项计划要根据该场全年和各月所需要产品的计划数量及场内的鸭舍和设备，计划出各月各类鸭的饲养批数和饲养数量，最后形成全场的鸭群周转计划表。有了高度严密的周转计划，就可以此来调节全场各生产环节以及本场和外场的关系，充分发挥现有鸭舍、设备和人力的作用，使鸭生产有条不紊地进行。

(4)饲料供应计划：饲料是发展养鸭业的基础，必须根据鸭群周转计划中各月存栏量和各类饲料消耗量妥善安排。如果是本场自配自用，则应根据使用的饲料配方算出各种原料的数量，按总需要量有计划地分批购入，存留备用。也可按本场的饲料需要量和需要时间，向附近的饲料公司订购各类本场需要的配合饲料。

(5)产品销售计划：为保证各类产品的畅销，需要做好市场调查工作，结合本场生产能力，制定月、季、年度的销售计划。不了解行情，盲目生产，常常会发生供过于求的情况。要深入了解消费者的消费心理和消费习惯，掌握市场行情变化的规律性，来安排生产和销售计划。

(6)利润计划：鸭场的利润计划受到多种因素的制约，如生产经营水平、饲养规模、饲料价格等。各场应根据自己的实际情况予以制定，要尽可能地将利润计划下达到各个生产人员，并与他们的经济效益挂钩，以确保利润的顺利实现。

3. 生产管理

鸭场的生产管理是通过制定各种规章制度和方案作为生产过程中管理的纲领或依据，使生产能够达到预定的指标和水平。

(1)制定综合卫生防疫制度：为了保证鸭健康和安全生产，养殖场内必须制定严格的防疫措施，规定人员、车辆、环境、用具等进行及时或定期的消毒，鸭舍在空出后进行清洗、消毒，对各类鸭群进行定期免疫注射，对种鸭群进行检疫等。

(2)制定各类鸭舍一日工作程序：将各类鸭舍的工作从早到晚按时划分，把进行的每项常规操作作出明文规定，使每天的饲养工作有规律地按时完成。

(3)制定技术操作规程：技术操作规程是生产中按照科学原理制定的日常作业的技术规范。鸭群管理中的各项技术措施和操作等均通过技术操作规程加以贯彻，同时它也是检验生产的依据。不同饲养阶段的鸭群，要按其生产周期制定不同的技术操作规程，其主要内容包括：对饲养任务提出生产指标，使饲养人员有明确的目标；指出不同饲养阶段鸭群的特点及饲养管理要求；按不同的操作内容分段列条，提出切合实际的要求；要尽可能采用先进的技术和反映本场成功的经验,条文要简明具体。

(4)建立岗位责任制:在鸭场的生产管理中,要使每一项生产工作都要有人去做,并按期做好,使每一个职工能够充分发挥主观能动性和聪明才智,需要建立联产计酬的岗位责任制。其内容包括:负担哪些工作职责、生产任务或饲养定责额;必须完成的工作项目或生产量(包括质量指标);授予的权利和权限;超产奖励、欠产受罚等等。

★成功实例

江苏飞跃养鸭场,在建设投资养殖初期,先通过进行市场调查分析,敏锐地发现番鸭的市场有很大提升空间,是有利可图的,于是引进优质番鸭进行养殖生产。因此,在市场调查的基础上,就对养殖场的经营方向、生产规模、饲养方式、鸭场建设等方面进行养殖定位,决定以商品鸭养殖为主,辅助种鸭的生产。

围绕这一经营宗旨,该养殖场负责人王伟就开始对鸭场位置、水源土质、鸭舍建筑、鸭场生产设备、饲料来源、产品销售渠道等都做了大量细致的工作,并且就养殖规模进行仔细思考决定进行先小群试养后规模化养殖的思路。

接下来的养殖第一年,由于没有饲养经验,很多饲养管理方面的措施不到位,养殖场并没有赚到钱,这使他重新冷静下来,思考问题出在何处。在总结经验教训的基础上,认真学习相关水禽养殖知识,请教有经验的养殖能手和专家。使得他对养殖番鸭重新获得了信心,明确了自己当初的调查结果是正确的。

于是,第二年起,飞跃养殖场决定,按照番鸭的生活习性和生理需求，制定切实可行的饲养体制和饲料配方。并且，为了做到心中有数，还制定鸭舍一日工作程序、年度总产计划、鸭群周转计划、饲料供应计划以及产品销售计划等。功夫不负有心人，在一年的辛苦劳动下，养殖场看到了经济效益：年饲养种用番鸭1 000只，除去各种相关费用，共盈利60 000元。

初尝甜头的他感到生活有奔头，于是按照原先想法扩大了规模，他开始寻找有技术有经验的饲养员，增加场地面积，购买生产设备。在生产中增长知识积累经验，在他的带领下，养殖场办得有声有色。通过几年时间摸滚爬打，经历了种鸭、商品鸭的饲养，鸭产品的深加工，逐步扩大了生产规模，同时通过经营模式的转变，采用"基地＋经纪人＋农户"的产业化运作模式，即农户从他手上购买优质苗鸭，出售时卖给经纪人，再由经纪人统一送到生产企业。这样，使得自己在一定程度上既减轻自己的生产成本，又带动了周边地区的农户致富。

现如今，王伟的养殖场改为鸭业集团，年生产优质番鸭10万只，年纯收益达到300万元，并且其规模仍不断扩大，犹如一只展翅翱翔的雄鹰。王伟的成功正是充分利用养殖知识，科学养殖的结果，是一个成功的典范。